繁盛店の
ケーキ店から学ぶ

消費期限
1日の経営学

前田省三
MAEDA SHOZO

幻冬舎MC

はじめに

開店まで残り30分――

ショーケースの3分の1を商品で埋めるため、パティシエたちの一日は開店時刻の3時間前には始まっています。スポンジケーキやロールケーキを焼き上げ、オーダー注文の「お渡し」時刻を確認し、必要なクリームや果物を用意したらデコレーション作業に入ります。なんとか開店に間に合い、続々とお客様が入ってくるなか、厨房《ちゅうぼう》では息つく暇もなく明日の営業に向けて生地やムースの仕込みが始まります。同時に、午後5時のピーク時間までに追加のケーキを焼き上げ、客入りを見ながらの仕上げ作業と並行した作業が続きます。一段落しても、明日の卵や牛乳を発注するなど、現場の緊張が途切れることはありません。

私が営むケーキ店は〝消費期限たった1日〟の商品を取り扱っており、製造から販売までを一日で完結させます。原材料はクリームや果物など鮮度が重要なものが多いため、品質管理と在庫管理の徹底が必要です。また、季節ごとの素材などは管理が難しく、その都度の対応になります。

課題の多いケーキ店経営において、私は商品廃棄率1%、利益率は10%超を目指しています。現在では滋賀県内に6店舗を構えています。

売れ残りによる損失が命取りとなるケーキ店で成功するためには、数値化された経営を行う必要があります。そこで私は、職人としての腕を磨くことはもちろん、経営の神様と呼ばれた稲盛和夫氏が塾長を務める盛和塾に入って、アメーバ経営を学びました。

盛和塾で最初に衝撃を受けたのは、自分の考えていた基準よりもはるかに高い利益率10%を目指せと言われたことです。それまで利益率への意識が低かった私には、とても現実的な数字だとは思えませんでした。むしろ、原材料や製作工程にこだわる以上、利益率が低くなるのは仕方がないことだと思っていたのです。実際に同業者のなかには、おいしいケーキを作っているから儲《もう》からない、と言い切る人はたくさんいます。しかし、こうした考えは「日次採算表」を導入したことで徐々に甘い考え方だったと気づくようになりました。

これまでは税理士さんの出してくれる月遅れの月次決算の数字を見て改善策を考えてきましたが、毎日の売上や原価などを細かくエクセルの表にして数値化し、見える化したことで、季節や天候、曜日などの変動要因も含めて「今日の店の数値化」ができるようになりました。

日次採算表の数値から、今までの業務のあらゆるところに改善の目を向け、具体的な取り組みを進めていきました。忙しい業務の合間に発生した金額をその都度書き込むのは大変ですが、こうした原材料や品質の管理を徹底することによって、廃棄率ゼロを本気で目指すことを店全体で仕組み化したのです。また、売りたい商品の価格を場当たり主義で決めるのではなく原価率30％を目途に売価を設定するよう徹底しました。さらに、お客様ニーズとズレがないよう商品開発についても前年売上から逆算したうえで、最小限で最大効果のラインナップを選定しています。

経営の知識と経験に、数値化した日次採算表の生きた数値を重ね合わせて、厳しい消費期限1日をクリアする仕組みを日々仕事に取り込むことで、成長し続けることができるのです。

この本では、日次採算表とフィロソフィーを基軸にした「アメーバ経営」に、商品開発から品質管理、さらには人材育成に至るまで、私が試行錯誤を重ね実践してきた〝消費期限「1日」の経営学〟を分かりやすく解説します。このノウハウはケーキ店に限らずさまざまな業態でも、店舗経営だけでなく企業運営全般においても、さらには自分自身のマネジメントにも、たくさんのヒントになると思います。

本書を通じて一人でも多くの経営者が現状を打破し、さらなる成長を遂げるきっかけとしてもらえたなら、これに勝る喜びはありません。

繁盛店のケーキ店から学ぶ　消費期限1日の経営学　目次

［第4章］長時間労働でも職人の定着率は上げられる
ロードマップを示した人材育成でプロ意識を高める

［第1章］

扱う商品の消費期限たった「1日」
華やかな店内の裏にある
ケーキ店の甘くない経営

華やかに見えるケーキ店の甘くない現実

ショーケースに並ぶ美しいケーキと、ふんわりと漂うおいしそうな香りに包まれた店内、笑顔でお客様を迎えるスタッフたち――ケーキ店は魅力的な空間。お店に一歩足を踏み入れると、誰もがその華やかで心躍る世界に引き込まれます。誕生日や記念日など、特別な日を彩るケーキや日常のひとときに幸せを添えるスイーツは、訪れる人々に至福の瞬間を届けます。しかし、いざケーキ店を経営するとなると、このすてきな空間の裏に想像を超える厳しい現実があります。

ケーキ作りは新しいアイデアや技術が求められるクリエイティブな仕事です。一方、素材選びや仕入れ、製造工程の管理など、どの過程においても緻密さが必要です。市場ニーズは日々変化するので、その状況に適応することが求められます。また、スタッフの育成やモチベーションを高める工夫、多くのお客様に満足してもらうための努力も同じように求められます。さらに、季節やイベントに合わせたマーケティング、商品企画、商品製造オペレーション、価格設定など、さまざまな業務をこなしたうえで、利益を確保し、常に高品質な商品とサービスを提供することが求められます。

おいしいケーキを扱うケーキ店を経営することに憧れる人は多いですが、華やかな表舞台の裏には決して甘くない現実があります。

ケーキ店経営を難しくする廃棄率の高さ

ケーキ店経営を難しくする原因の一つに廃棄率の高さがあります。これは飲食に関連する業種に共通する課題です。

生ケーキは素材の良さと鮮度が命です。10℃以下で使用する生クリームや冷蔵管理するフルーツをふんだんに使ったケーキは消費期限が1日しかありません。作ったその日のうちに売り切らなければ残った商品は廃棄になるため、経営にとって大きな負担になります。焼き菓子なら多少賞味期限が長くなりますが、生ケーキではそうはいきません。廃棄を出さないために、どれくらい売れるのかという販売予測と計画に基づいた材料の発注管理、商品製造数の調整などが必要です。

難しいのは商品の管理だけではありません。非常に高い技術が求められるという点がさらに廃棄率を高めます。例えばマカロンは見た目のかわいらしさとは反対に、パティシエ泣かせの代表的なスイーツです。

最初の工程であるメレンゲの泡立て加減は大切です。これ一つで仕上がりが変わります。また、アーモンドパウダーと粉砂糖の混ぜ合わせや、経験に基づき、生地をほどよく混ぜる「マカロナージュ」という作業も難易度が高く、加減を誤ってしまうと形が崩れたり、中に空洞ができたりしてしまいます。さらに、絞り出しの技術や乾燥時間の調整、焼き加減にもその時の状況に合わせてこまやかに対応できる経験値が必要です。オーブン内の温度管理に失敗すると、焼きムラや生焼けが発生し、最後の工程であるクリームを挟む作業も最適な硬さと量を見極めなければ食感を損ないます。

このように、ケーキ作りは経験を重ねたプロでも失敗してしまう作業が多く、失敗してしまえば商品として販売できないどころかすべて廃棄になってしまいます。

人が育たない離職率の高い厳しい現場

ケーキ店経営を難しくする理由の一つとして、人材確保、育成が難しいことも挙げられます。

パティシエは技術習得が求められる職業であり、技術の習得には時間と労力がかかります。それに加えて、力仕事が多い厳しい労働環境、季節変動による長時間労働や低賃金に耐えることが求められます。さらに、仕事を教える人と学ぶ人との人間関係でのミスマッチも多くあります。教える人が自身の教え方を棚に上げて、学ぶ人が時間をかけて適応しろというのが、今までの技術伝承での矛盾のある一般論です。しかし、教える技術を持たない先輩も多いのですが、学ぶ人たちの技術を習得する力も確実に落ちていると私は感じています。ですので、現場視点で思うのは、単純に10年前より教える時間が必要だということです。食事をするときに必要な咀嚼《そしゃく》力があるかないかという単純な話です。こうした技術習得、人間関係、労働環境などによって、パティシエ業界は離職率が高く、優秀な人材を確保、育成するのは難しい現状があります。

本来、パティシエは多くの人にとって憧れの職業で、特に女子小中学生の間では絶大な人気があります。アデコにより2024年に全国の小中学生1800人を対象に行われた「将来就きたい職業」調査では、女子の部で「パティシエ」が1位に選ばれました。この調査では5年連続で1位の座を維持しており、若い世代に魅力的な職業であることが分かります。ところが、実際には就職から1年以内に70％、3年以内には90％、10年以内には99％が辞めてしまうといわれています。

離職率が高ければ採用や教育の時間や費用が無駄になります。また、人手不足はサービスの質、製造の質、量を落とすことになるため、経営上の大きな課題となります。

ケーキ店の成功失敗を分ける高い原価率

さらに、おいしいケーキを提供しつつ利益を上げるには、原材料費のコントロールが重要で、これが経営の成功失敗を分けます。

原材料費が高いという点は、ケーキ店経営にとって避けては通れない大きな課題です。特に高品質なケーキを提供する店では、バターや小麦粉、砂糖といった基本的な材料に加え、フレッシュなフルーツや高級チョコレート、ナッツなどの高価な材料を使用するため、原価率は高くなります。しかも、品質にこだわるほど価格が高くなり、ケーキの価格設定に直接反映されます。経営者として、求めやすい価格設定にしたい半面、おいしさや

ケーキの主要材料の価格推移

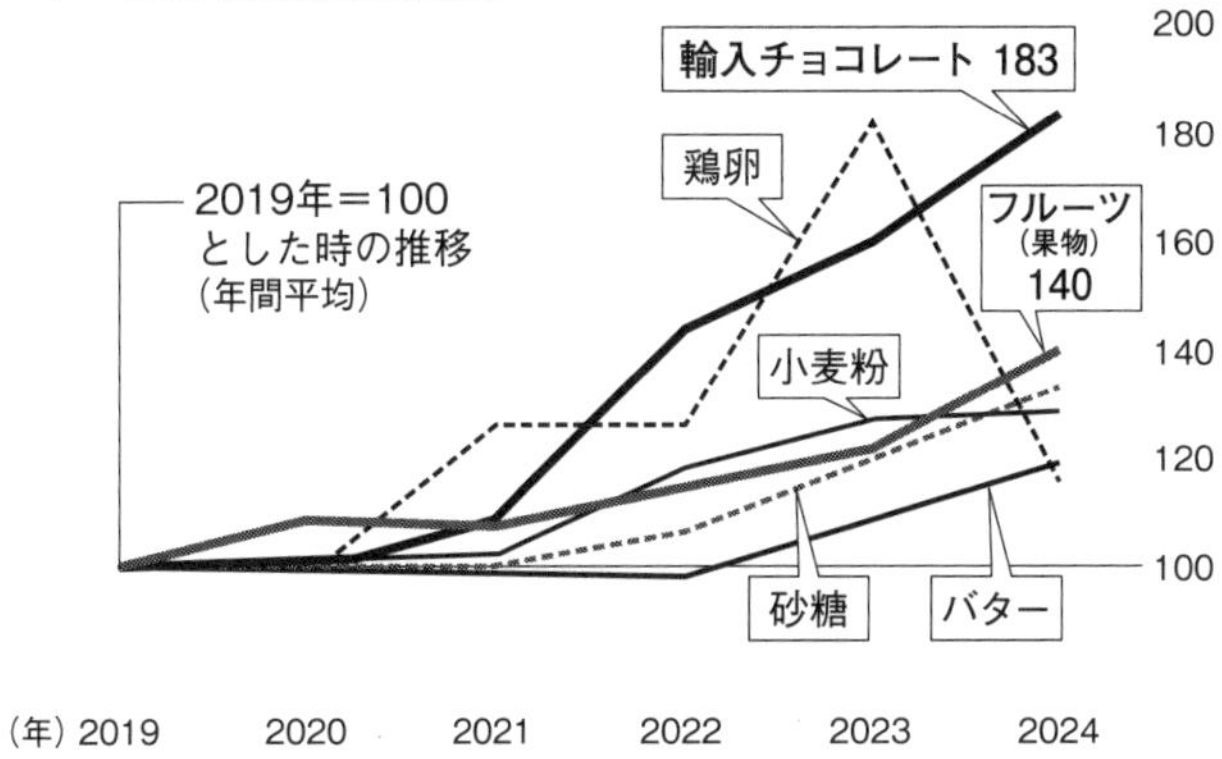

いちごショートケーキの価格推移

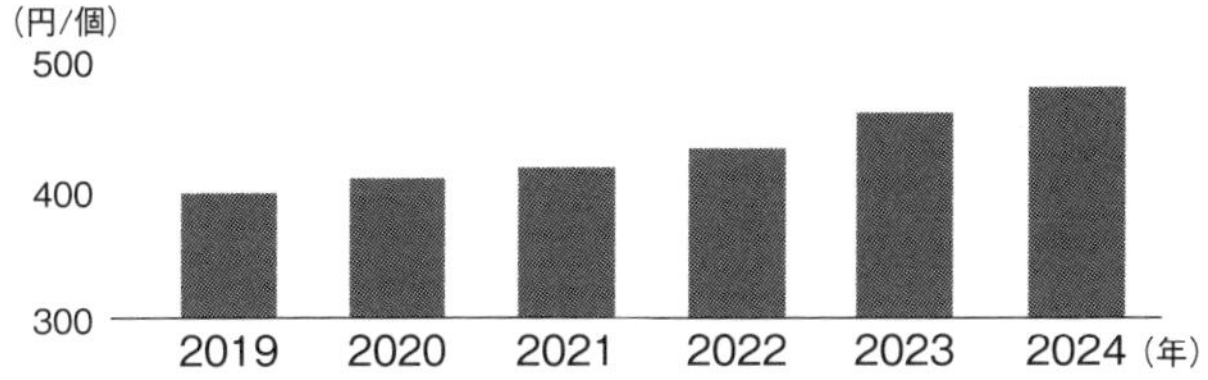

美しさを追求してお客様の満足を得るためと、お菓子作りのプライドで品質を落とすことを自分が許さない欲求があり、経営者は葛藤しているのです。葛藤に負けると経営も失敗します。

　旬のフルーツなど季節限定の材料を使用するケーキは、その時季によって価格が変動し、利益率が変わることも珍しくありません。季節食材には収穫が始まる頃の「はしり」と収穫が

「洋菓子店」倒産件数の推移

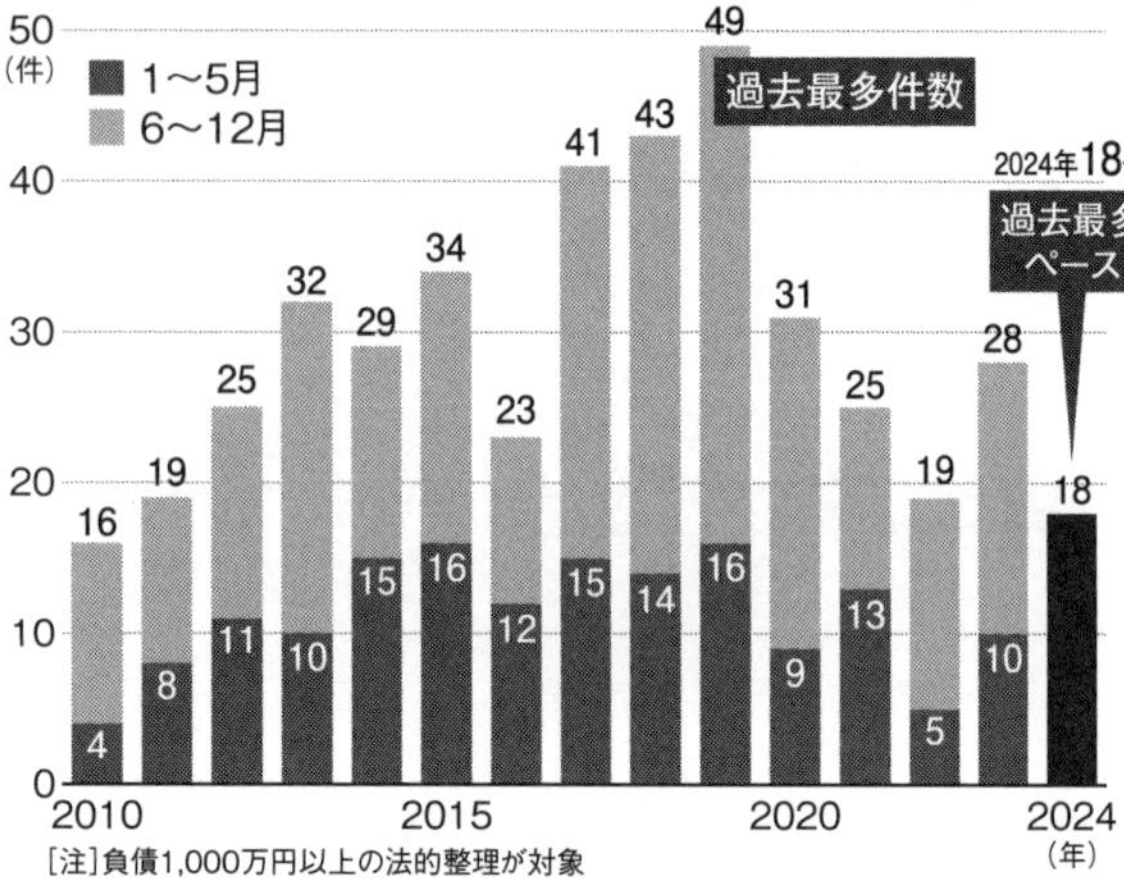

［注］負債1,000万円以上の法的整理が対象
帝国データバンク「『洋菓子店』の倒産動向調査」より作成

増える「旬」があります。「はしり」を使うと価格は高くなりますが、お客様の関心を引きやすくなります。ここにもパティシエの葛藤があります。ケーキの種類によっては、原材料のコストが製品全体のコストに占める割合、すなわち原価率が高いため、利益率に影響します。結果として、販売価格を上げざるを得ない状況に陥ることが多く、お客様のニーズとのミスマッチにつながっていきます。

さらに追い打ちをかけているのが、近年の物価高騰と円安、バターなどの生産者減少に伴う生産量減のため、そもそもの材料が手に入らないなどの現状です。

ケーキのデコレーションなどに欠かせないチョコレートは、原料であるカカオ豆の不作に円安が加わり、２０２２年からほぼ右肩上がりに価格が上昇しています。２０２４年に限れば、5年前に比べて価格が約2倍に上昇しました。原材料費が高騰すれば当然ながら利益を圧迫します。輸入原材料やその品不足による価格高騰が、現状をより厳しくしています。

このような厳しい経営状況のために、近年洋菓子店の倒産件数が増えています。２０１０年から２０２４年までの洋菓子店の倒産件数に関するデータを見ると、倒産件数が減少した年はあるものの、長期間にわたり洋菓子店を安定して経営するのが難しい状況が続いていることが分かります。２０２４年の1～5月には、「街のケーキ屋さん」を中心とした洋菓子店の倒産が、２０１０年以降で最も多かった２０１９年を上回るペースで増加しています。

ちなみに、２０１９年に倒産が過去最多件数となった原因は、コンビニエンスストアなどで発売される安価・手軽なスイーツとの競争に負けたことです。２０１９年に比べれば

2024年はまだ少ないと思われるかもしれませんが、洋菓子店の倒産は閑散期の夏以降に増加する傾向があります。秋以降に倒産件数が一気に増えれば、2024年通年の倒産件数が過去最多を更新する恐れもあるのです。

確実にケーキ店で利益を出すために

ケーキ店を取り巻く厳しい現実には、高い廃棄率や離職率、そして原材料費の高騰といった課題が山積していますが、それでもケーキ店の仕事には何にも代えられない魅力があります。私は京都のケーキ店、大阪・梅田のホテルベーカリーにて洋菓子全般から工芸菓子までを担当する仕事を経て、琵琶湖の見えるところに店を出したいという理由で、1986年に滋賀県大津市でケーキ店を創業しました。生ケーキや焼き菓子、アイスクリームなどすべて自分の作った商品を販売したいと「自家製」にこだわり、地元を中心に多くの人々に親しまれています。現在大津市に4店舗（うち1店舗はカフェ）、草津市に2店舗を展開し、従業員50人（うちパティシエは30人）を抱えるまでに成長しました。さらに、オンラインショップも展開し、全国に商品を届けています。

厳しい環境下でもケーキ店を成長させることができた要因の一つに、廃棄率1%を達成する仕組みがあります。さらに、あとで触れますが、全店で目指す「親切な店」づくりです。その土台には、私が経営するケーキ店で働くスタッフ一人ひとりの日常を整える取り組みがあります。そうした取り組みの根底には、創業当初から、社員育成においては「人を活かす」、お菓子作りにおいては「素材を活かす」を大切にしていたことがあります。

廃棄率削減など、数値管理はケーキ店経営の必須条件です。私は稲盛和夫氏が運営する盛和塾で学んだ日次採算表を活用し、毎日の売上、利益や材料費、労務費を細かく記録・分析しています。一般的なケーキ店の廃棄率は5%といわれる中、1%に抑えることができたのは、まさにこの徹底した数値管理と社員の意識ある行動の成果です。

ほかにもSNSを活用したマーケティングなど、さまざまな工夫と挑戦を行った結果、私の経営する洋菓子店は、消費期限が1日という厳しい条件下でも安定して利益を上げ続けることができたのです。どのようにして、この難題をクリアしたのかについて私の経営者としての取り組みを交えながら説明します。

［第2章］

地域の特性を踏まえ、季節やイベントごとにラインナップを変える「自分が食べたい」から発想する「売れる商品開発」

ケーキ作りに求められる自分を核にしたマーケティング手腕

おいしいケーキを売るには、メレンゲ作りの技術と同じくらい繊細なマーケティング感覚が必要です。洋菓子の好みや売れ筋は地域によって違います。お店ごとにこまやかな地域マーケティングを行い、その結果に基づいてケーキのラインナップを展開することで、地域で長く親しまれる店になることができます。

私がケーキ店を経営する滋賀県は真ん中に琵琶湖がある豊かな自然環境によって育まれ、都のあった京都の食を古代から支え、今もその伝統が脈々と続く食文化があります。琵琶湖で捕れるニゴロブナを使った鮒《ふな》ずしは1000年にわたり食されています。ほかにも、地域に根付く文化・伝統が色濃く残っており、これらを商品開発に取り入れることが地元の人々から親しまれるためのカギとなります。

また、季節や天候などの環境も考慮しなければなりません。滋賀県は内陸に位置し、四季の彩りがあります。夏には爽《さわ》やかさ、みずみずしさを感じる商品が人気を集め、冬には温かみのある濃厚な味が好まれる点など、都市部と比べて四季を楽しめるところが滋賀県の特性と感じています。今話題になっているケーキや流行の素材の良さを、滋賀県の地域性に合わせてアレンジしながらオリジナルの商品を展開しています。

こまやかなお客様のニーズに対応した商品が、地元の人々だけでなく全国のお客様にも受け入れられています。

大津市もほかの地方都市と同様にシャッター通りとなった商店街が目立ち、地域の経済活性化が求められています。そのような環境、時代の変化の中で、「この地域で洋菓子店といえば？」と聞かれると真っ先に名前が挙がる、いわゆるマインドシェアを高めることを常に意識しています。創業から約40年、地域に愛されるケーキ店に成長できた大きな要因は、私は「お客様ニーズに適応する力があったこと」と考えています。

一つの例ですが、創業当時、誕生日ケーキをお求めのお客様にはケースにあるホールケーキのチョコレートプレートにメッセージを書いてお渡しするスタイルでした。しかし、お客様が「ケーキはこれだけ？」とおっしゃるので、「10分ほどお待ちいただけたら、

新商品開発の企画書

商品名：おばけのケーキ

5月20日

唐崎店　山田 太郎

・どんな人に食べてほしいか？（季節のイベントを家族と一緒に楽しむことを大切にしている人）

・テーマ（いちご）←中心として使用している材料

・アレルギー（乳・卵・小麦・落花生・そば・エビカニ）←使用している材料に丸をする。

・製品サイズ（9.5×3）

・お酒の使用（無・少量・多量）

・希望価格（￥600）税抜　原価（￥180）　原価率（30%）

全体図	断面図
	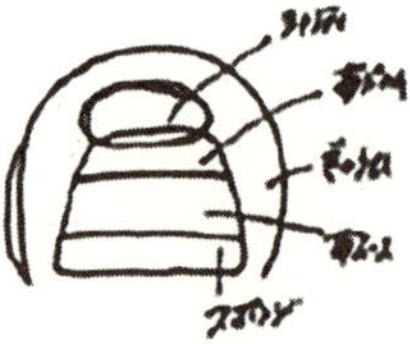

作業工程

・クリスマスに使っているトナカイ・サンタの土台を使う

・まわりを求肥でつつんでおばけみたいにする

・目と口を描いて完成！

・コンセプト・思いなど…

ハロウィンのカットケーキ、いつも求められるイメージだったので手を伸ばしやすいカットケーキで考えました。中も苺メインなので子どもも食べやすい！

ケーキをお作りします」と対応しました。これがリピートにつながりました。独自の商品開発ではなく、独自のサービスの仕組みとして、「作りたてバースデーケーキを10分でご用意します」のパンフレットを作りお客様ニーズに対応しました。これは取り組みの一例ですが、一貫して現在の「親切な店」づくりとつながっています。

商品開発はお客様を笑顔にするためです。私の店で行っている新商品の企画開発は、発案者が企画書を作成することが基本です。このときに、マーケティングに必須のお客様ターゲットや素材選びのこだわり、原価率、何よりも発案者のストーリーなどを見ていきます。

常にショーケースに並んでいるショートケーキやモンブランなどの定番商品も、実はこの企画書をもとに作られています。商品開発でいちばん大切なのがペルソナ設定です。これは、商品が対象とするお客様像を具体的に描いて、その人に合ったマーケティング戦略や商品開発を行う方法です。

ペルソナには年齢や性別だけでなく、生活習慣や価値観、ニーズ、行動パターンなど、ターゲットとするお客様の詳しいプロフィールが含まれます。この設定によってお客様に最適な商品やサービスを提供でき、お客様へ商品に込められたメッセージも効果的に届けることが可能になります。また、お店のスタッフみんなで同じお客様像を共有できるので、店頭でのプラスワントークにつながります。

一方、新しいケーキを企画開発する場合は、通常のペルソナ設定とは少し異なるアプローチが求められることもあります。例えば、定番商品のアップルパイは30～50代の男性をターゲットにしています。このパイの特徴は、青森県産リンゴを使用したさっぱりとした甘さと、パイのサクサクとした食感です。これは、がっしりしたアゴを持つ人が奥歯で噛《か》みしめたくなる食感を考えて企画しました。お客様対象者は私自身です。通常、焼き上がりにアプリコットジャムを生地に塗るだけですが、塗ったあとにオーブンで焼くことでカリカリとした仕上がりにしています。

この結果、女性向けのケーキが多い中、アップルパイは男性に多く選ばれて、リピートいただいています。大津市のふるさと納税の商品としても選ばれ、人気商品となっています。

また、毎年3～4月の期間限定でショーケースに並ぶデコポンを使ったロールケーキもペルソナをもとに開発したこだわりの逸品です。この商品は30～50代の女性をターゲットに商品開発を行いました。直接産地から届く低農薬のこだわりデコポンを使用し、皮は自社で加工して低糖度のピールに仕上げ、生地と一緒に焼き上げます。果汁は濃度を上げてゼリーにして、ロールケーキのクリームに加えています。デコポンの果汁はジェラートにも使用しています。デコポンの心地よい香りの強さ、まろやかな酸味と柔らかな甘みは、30～50代の女性に好まれヒット商品となりました。

このロールケーキは、スポンジケーキのふんわりとした食感をじっくり味わうことで、デコポンのかすかな酸味と甘みが口の中にゆっくりと染み込み、最後にスーッと余韻を残しながら消えていくように考えられています。女性は味の変化を楽しむ傾向があることを踏まえた商品設計です。

効果検証は商品開発の重要なステップ

商品開発後はその効果を検証し、ターゲットに正しく届いているか確認することが欠かせません。そのため、パティシエには販売スタッフと共に接客を行い、お客様の反応を直接確認してもらうようにしています。自店舗はもちろん、他店舗を応援するときでも店頭でお客様の生の声を聞くことは最も大切です。常連客のなかには、こちらが質問すると丁寧に答えてくれる人も多く、「どうしてこの店を選んだのか」「どの商品が好きで、その理由は何か」といった具体的な意見を集めることができます。パティシエ自身がこれらの定性情報を直接収集することで、商品開発にリアリティが加わります。

また、ＰＯＳ（販売時点情報管理）システムを活用し、どの商品がどれくらい売れたか、あるいは売れていないかを定量的に分析します。ＰＯＳシステムでは、商品の販売日時や個数、おおよその年齢層を把握でき、どのお客様層がどの商品を求めているのかが分かります。こうした定性情報と定量情報をもとに、新商品開発や定番商品のリニューアルを進めることで、結果的に新商品が定番化し、長く支持される商品になります。

地域で愛されるケーキ店には、お客様の声（定性）と売上データ（定量）の両方を把握して、それをもとに商品開発を冷静に行うことが大事です。滋賀県にも斬新な商品でメディアに注目された店舗がありましたが、地元のお客様に支持されずに開業から3年も経たずに閉店してしまいました。メディアで話題になっても地域のお客様に受け入れられなければ店舗の継続は難しいのです。

遠方のお客様に支えられていると語る経営者もいますが、地元のお客様を大事にしない商品づくりでは店の定着は困難です。地方でのケーキ店経営には、自己満足の商品開発ではなく、目の前のお客様のニーズに対応する、地域に長く愛されるための努力を続けることが重要だと考えています。

定番商品も時季に合わせてアレンジし、お客様ニーズに応える

私は現在6店舗を経営していますが、特に本店では常時60～80種類の生菓子と焼き菓子をそろえています。売上の約8割は定番商品が占めており、残りの2割は新しい試みとし

ての実験商品です。これはケーキ店にとってお客様のニーズに応える定番商品が重要であることを示していますが、それだけでは足りません。

定番商品もアップデートが必要です。そのままでいいのか、新たな定番を作ったほうがいいのかなどを決めるために、ここでもPOSデータを用いて購買動向を詳しく確認しています。お客様のニーズを正確にとらえた定量的なデータ分析を行うことで適切な対応を図っているのです。

業務とは少しズレるのですが、社員は「スイーツマニア」ばかりです。あちこちで自分の好きなお菓子を買ってきたり取り寄せたりして、みんなで試食会をします。そして味や価格、加えてその店のクリンリネスや接客態度まで、わいわいと話し合っています。強要していないのですが、みんな自腹で「私が食べたかったから買ってきた」と言います。そんな雑談が製品企画や経営管理の改善につながっています。

定番商品をアップデートする方法はいくつかあります。例えば、食材を変えたり、生地を改良したりすることで味や食感に変化を加えています。栗を使ったモンブランは特に人気が高く、POSデータからも季節を問わず栗好きのお客様が選ぶ傾向が見られます。このモンブランは定番商品ですが、季節ごとに異なる味わいを提供することで飽きられない工夫をしています。冬は濃厚なショコラと合わせたり、春にはイチゴクリームやジャムを加えた爽やかなバージョンを出したりしています。夏には軽いシフォンケーキの生地を使い、季節に合った軽やかな食感が得られるものを提供しています。季節ごとに定番商品を改良することで常に新鮮な驚きをお客様に届けられるのです。

こういった改良は単なる変化ではなく、その時々で「最もおいしいケーキ」をお客様に楽しんでもらうための工夫でもあります。季節感を取り入れつつ、期待と満足感を高め、結果としてブランドの信頼性も向上します。柔軟な対応と定番の魅力を保つことが、ケーキ店を長く愛される存在にしてくれると信じています。

天候や気温の変化に対応して柔軟に商品ラインナップを変更する

私が経営するケーキ店では、天候や気温の変化に合わせて商品ラインナップを柔軟に調整します。それは、季節によってお客様の気分や体調が変化して「好み」が変わるからです。例えば、秋から冬にかけては濃厚なチョコレートケーキやモンブランが人気ですし、気温が30℃を超える6~7月には、涼しげなコーヒーゼリーとミルクゼリーや、オレンジゼリーのカップケーキが好まれます。これらの商品の配置は、POSレジを活用し、前年同日の売上データを参考にして各店舗の店長が決定します。

しかし、データどおりにいかないことも少なくありません。通常、雨の日は来店者が減りますが、前日との気温差が±5℃以上あるとお客様の来店意欲が大きく下がり、売上も落ち込む傾向があります。それでも、うっとうしい雨が続いても3日目に来店者が増えることもあります。これは、多くの方が雨に順応することで、雨の中でも買いに来られるということだと理解しています。また、気温の変動でも同じ傾向がみられます。予測しにくいことも多いので日々の状況に対して、直感的、瞬間的な判断も重要です。

そのため、次の2つの実践的な取り組みを行っています。

1つ目は、オープンリーダー、仕上げリーダー、販売リーダーが朝と昼に集まり、お客様の動向を見ながらショーケースの商品数やスタッフの配置を調整する仕組みです。忙しいときにはパティシエが接客に回ることもあります。午前の売れ行きを見て午後の商品数を調整するなど、柔軟に対応しています。

2つ目は、小ロット製造です。新商品を試す際は午前と午後に分けて商品を用意します。午前はお土産や贈答品などのイベント用に慎重に選ばれる傾向が強く、午後は自宅用がメインになり選び方がやや緩やかになります。夕方には商品数が減るため、短時間で決めるお客様が多く、午後の商品ラインナップは午前と異なります。

こうした日々変動するお客様のニーズを細かくとらえ、商品ラインナップを調整することがケーキ店経営においては日常です。データでカバーできない変化も含め現場の直感と経験を活かしながら目の前のお客様の期待に応える商品をショーケースに並べ続けることが重要なのです。

機械では再現できない味へのこだわり

洋菓子作りをすべて機械に任せれば、パティシエの技術や経験に頼らずに誰でも一定の品質で作業を進めることができます。製造工程の一部に機械を導入し、安定した味を実現しています。しかし、機械には人の持つ「ゆらぎ」の再現に限界があり、パティシエ独自の繊細な味わいを表現するのは難しいです。

特に、生菓子は人の手による繊細な作業が、ほかにはない意外性のある味を生み出します。例えば、シュークリームのクリーム製造です。一般的に、シュークリームには生クリームとカスタードクリームが使われますが、カスタードクリームの割合によって味が大きく変わります。私の店では、生クリーム30%、カスタードクリーム70%を基準にしていますが、この2つを混ぜる工程は手作業で行います。とはいえ、この割合は目安にすぎず、パティシエの手加減や感覚で微妙に味が変化します。これは、脳は同じ味を3回続けて味わうと「飽きる」という脳の学習能力を、本で読んでお菓子作りに取り入れた一例です。

もしこの作業にミキサーを使って機械化すれば、混ぜる回数を設定して同じ状態のクリームを毎回作ることができますが、安定した味わいがかえって平坦《へいたん》になり、脳に刺激を与えられなくなります。

つまり、お客様に飽きられてしまいます。初めてのお客様はおいしく感じても、2回目、3回目になると味が平坦なので、購入意欲が減退します。一方、手作業では30%を目指しつつも微妙なゆらぎが生まれ、そのわずかなゆらぐ味わいが個性を生み出します。

どんなに好きな味でも常に一定だと飽きがきます。だからこそ、同じ商品でも完全に固定した味を求めるのではなく、少し幅を持たせることが大切です。そうした含みを、すべてをパティシエ任せにするのはリスクがあるため、味のブレを最小限に抑えつつ自由度を保つ仕組みとして「生クリーム30%、カスタードクリーム70%」という緩やかな基準があるのです。

さらに、手作業にはもう一つの利点があります。それは、天候や湿度といった日々の環境の変化に柔軟に対応できる点です。例えば、サブレを焼成する際、オーブンの設定時間を、湿度が高い日は3～5分プラスして設定します。湿度や天候によって水分の蒸発具合が変わるため、その日の体感湿度によって時間を変えることが必要になるのです。マニュアルに落とすのではなく、身体の経験値としてその人の五感で学ぶことが大事なのです。

私たちが高品質を保っているのは、こうした繊細な調整をパティシエが行い、それを支える仕組みが整備されているからです。ケーキ作りの現場では機械の導入による効率化と安定性が求められる一方で、パティシエの力量と感覚が生み出す微妙な味の変化が重要な役割を果たしているのです。

パティシエの感性を尊重する

パティシエの技術や感覚は大切ですが、商品開発においてすべてがパティシエの感覚や好みに基づいているわけではありません。まずは、お客様のニーズをとらえ、ターゲットを明確にしたうえで、そこにパティシエの想いを加えていきます。ケーキ作りはゼロから形にするものであり、しっかりとした企画に沿いながら、パティシエ一人ひとりの創造性と味覚が活かされて人気商品が生まれます。ケーキ作りでは「作り手の豊かな感性」が大きな役割を果たします。味わいは感覚的なもので、人によって、さらにはその日の体調や気分によっても異なります。

そこで私たちは、感覚的な要素を含めた「味」を共有するために、ケーキ作りにおける3つの共通指針を設けています。

1つ目はお菓子にとって最も重要な「後味と香り」です。後味と香りは良い素材を選び使うことから作られます。香りが強いか、心地よいか、後味は長く残るかなどを意識し、言語化して認識を共有します。例えば、私たちはイチゴソースを真空加圧の機械を使って作ります。イチゴ、砂糖、レモンのみを使い、保存料は使用しません。他店では半製品のソースを使うことが多いのですが、私たちは常に素材から作ることで、高い品質を提供しています。

2つ目は「パティシエの想いの言語化」で、どんな味をお客様に届けたいのか、何を感じてもらいたいのかが明確になります。口溶けを重視したいのか、噛みごたえのある味を表現したいのか、パティシエ自身が明確なイメージを持って言語化します。そうした取り組みで、お客様にその想いは伝わるのです。見た目が美しいケーキでも、パティシエの想いが伝わらなければ、もう一度食べたいにつながらないのです。ショーケースには、常にパティシエの情熱や想いが詰まった商品が並んでいるべきだと考えています。

3つ目は「味の言語化」です。パティシエが育った環境や経験してきた食材により、作り出す味には違いがあります。そのため、経験の幅が狭かったり、ほかのスタッフとの感覚にズレがあったりすると、アウトプットされる味の質に差が出てしまいます。そのため、競合店に足を運び、さまざまなケーキを試食して味覚の経験を広げることが重要です。30人のパティシエが同じ「おいしさ」を目指すには、味覚という感性を共有する必要があります。そこで重要なのが、ケーキの味を言葉で表現することです。「おいしい」という曖昧な言葉を避け、具体的に味を伝えるトレーニングを行っています。これは新商品開発の際にも大いに役立ちます。

新商品を開発する際、パティシエはまず頭の中で自由にイメージを描き、素材やデザインを組み合わせます。しかし、言葉にする段階で行き詰まることも少なくありません。ぼんやりとしたアイデアは夢と同じで具体性がありません。言語化のトレーニングを通して、アイデアを形にすることで商品の詳細な構成がはっきりと見えてくるのです。言語化によって、2次元の発想と脳内の3次元イメージを行き来することで、効率的に商品開発が進みます。

［第3章］

原材料選びから在庫管理、廃棄ロスまで徹底した数値化がコスト削減と品質向上を実現

	昨年時間	時間当たり利益	時間当たり売上	人件費率	労務分配率	経営利益	利益累計
	107.3	3,651	6,487	20.5%	29%	289,920	289,920
	132.0	5,882	7,643	18.4%	26%	590,655	880,575
	115.8	7,019	8,562	16.2%	22%	661,865	11,112,315
	113.0	4,569	4,609	30.2%	42%	351,345	11,463,660
	3721.2	(平均)4,605	(平均)6,492	21.1%	29%	11,463,660	11,463,660

目標時間	対昨年
3,720.0	-176.8

毎日の利益を見える化するツール「日次採算表」

ロスなく消費期限1日の商品を売り切るためには、毎日の商売をアメーバ感覚（単細胞レベルでとらえる感覚）で数値化することが大事になってきます。そのために私が盛和塾で学び、ケーキ店の特性に合わせて開発し活用しているのがケーキ店のための日次採算表です。

これは、盛和塾で教えられている「日次採算表」がベースとなっています。時間当たり売上、利益とは、売上最大、経費最小という原理原則のもと、従業員一人が1時間の労働でどれだけの付加価値を生み出せたかを数値化する仕組みです。この付加価値とは、売上から商品を生み出すためにかかる材料費

日次採算表：2024年7月

日	曜日	純売上高	材料費合計	経費合計	差引利益	時間
1	月	810,857	338,659	15,778	456,420	125.0
2	火	1,008,939	230,756	1,728	776,455	132.0
30	火	1,005,996	180,290	991	824,715	117.5
31	水	509,259	0	4,364	504,895	110.5
合計		23,006,521	6,449,209	235,949	16,321,363	3544.4

や光熱費、運搬費、設備費などの、労務費以外の経費を引いたものです。この数字を、その日かかった総労働時間で割れば1時間当たりの付加価値が算出できます。その時間当たり売上、利益に、ケーキ店ではとても重要な労務費を加えて、ケーキ店のための日次採算表を作りました。

これを会社全体ではなく、アメーバ（単細胞）レベルと呼ばれる小さな組織（店舗）ごとに、責任者であるリーダーが日々の時間当たりの付加価値を数値化して、前年実績、前々年実績と対比して、今日の利益をとらえていきます。前年実績と日々の実績を比較して、達成できない場合は、課題を速やかに洗い出して改善のアクションにつなげていきます。

私たちが採用しているケーキ店のための日次採算表が、盛和塾で学んだ日次採算表と違う点は大きく2つあります。

① 労務費を計上する
② 時間当たり売上、利益のバランスを見る

1つ目は労務費を計上しているところです。盛和塾の日時採算表は製造業向けに設計されており、労務費が変動しないため、あえてこの原価項目から外しています。しかし、私たち洋菓子業界を含む飲食業界は労働集約型のビジネスモデルなので、原価と同じように労務費が大きなウェイトを占めます。言い方を変えれば労務費を含まない経費は意味がないといっても過言ではありません。

2つ目は時間当たりの付加価値に相当する時間当たりの売上、利益のバランスを見ることです。一定の時間当たりの売上は必要になってきますが、これを上げすぎると従業員に対して必要以上に負荷がかかり、商品作りや接客サービスに悪影響を与えてしまいます。もちろ

経費の構成比率

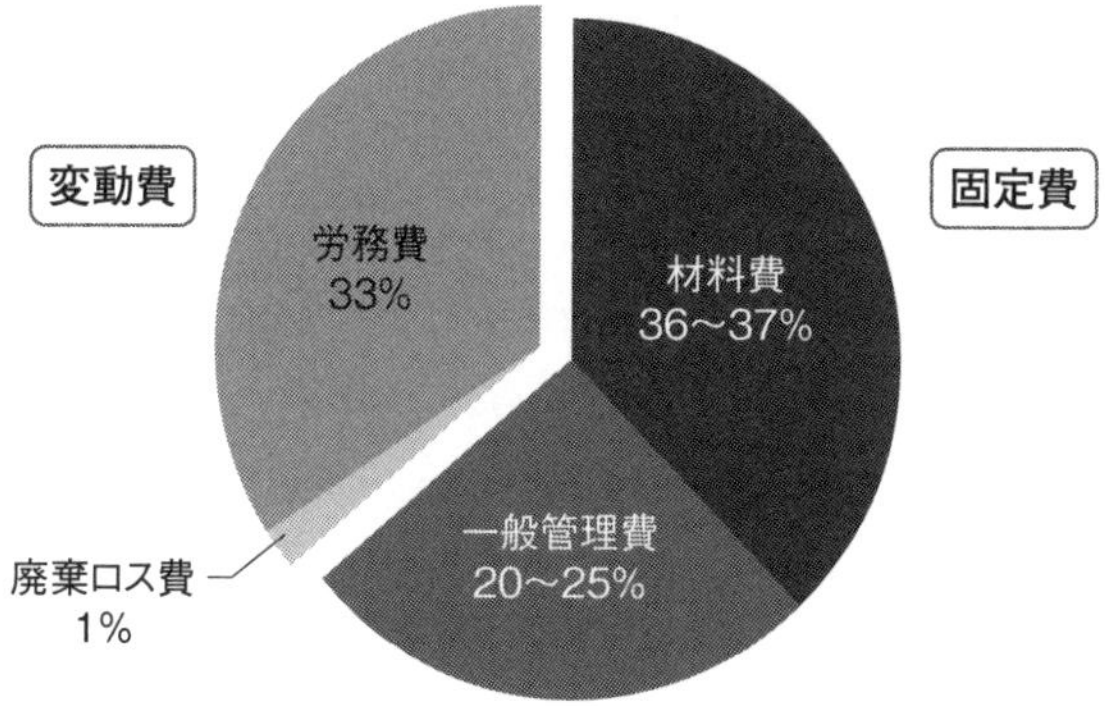

ん、一定の数値をクリアしなければ損失になるため、各店長や店長代理などは、店舗を効率的に経営できたかどうかを確認するために時間当たりの売上を日々チェックします。

時間当たりの利益が下がりすぎている場合は、材料費や労務費など、どこかに問題が発生している証拠なので、日次採算表を管理している各店舗の店長が気づいた時点で、日報のなかで対策も含め報告してもらいます。

なお、何かしらの問題を究明していくための指針として、何にどのくらい費用がかかっているのか経費の構成比率の基準も設けているので、その基準をベースにチェックすることも可能です。

基本的には、一般管理費は変動が少なく私たちの日次採算表では前年1年間の実績を12等分して算入しています。固定費で決まっており、材料費も売上対比なので大きく変動することは少なく、複雑になりがちな日次採算表の数字を分かりやすくしています。そのため店長は廃棄ロス費と労務費のコントロールに集中できます。廃棄ロス費は極力出さないため、店長もスタッフも時間経過と共に、店頭の動きに神経を使います。気を抜けばロス率はすぐに2～3倍の数字に跳ね上がるからです。

さらに、厨房がだらだらすると労務費（労働時間数）に影響します。店長が午後になるとテコ入れするのはスタッフのシフトコントロールです。その日の売上に見合った適正な人数（時間数）の配置は、店長のマネジメント力が問われる部分です。

私たちの組織体制のなかでは、売上は社長である私が、その売上を達成するまでの行動プロセスの管理は店長が、それぞれ責任を負っています。店長が担っている行動プロセスの管理とは、労務費でいえば無駄なシフトを組まずに時間効率の最大化を図ることです。

しかし頭では分かっていても、店長はほかのパティシエと同じプレイヤーでもあるので、少しでも余裕を持ちたいために余分なスタッフをシフトに組み入れてしまうことが

FL（Food Labor）コストの基準

$$\text{FL比率}=\frac{\text{F（材料費）＋L（人件費）}}{\text{売上}}$$

FL比率（%）	店のランク	状態
～50	超優良店	材料費、労務費を高いレベルでコントロールできている
51～55	優良店	材料費、労務費コントロールができている
56～60	一般店	労務費コントロールがうまくいっていない
61～65	危険店	労務費だけでなく材料費もコントロールできていない
66～70	超危険店	店舗はいずれ破綻する

多々起きてしまいます。そうなると労務費が大きく跳ね上がり、その結果を日次採算表で数値として見える化できるわけです。

もう1つのチェック項目は、何にどのくらい無駄なコストを使っているかという数値を可視化できるＦＬ（Food Labor）コストです。これは、材料費（Food）と労務費（Labor）の比率が、売上全体のなかでどのくらいを占めているのかを管理する指標です。ＦＬコストの基準値では、60％を超えると労務費だけでなく材料費もコントロールできていない可能性があるため、店舗運営がうまくいっていない「危険店」といわれます。

逆にいえば、この数字を60％以下でコントロールできていれば、店長として労務費などをしっかりとマネジメントできていることになります。

この数字は労務費だけでなく材料費が高いと数字が上がってしまうため、棚卸しまで残るような材料の使い方や仕入れの仕方をしていると、高い数値が出てしまいます。ＦＬコストが60％を超えるようなことが起きた場合は、経営者である私が行動プロセスの管理責任者である店長に確認することで原因の究明を図っていきます。

店長には行動プロセスの管理と、役割と責任を問う

日次採算表における時間当たり売上、利益とＦＬコストなどの項目において、異常値が出たときは、社長として店長に対し２つ説明責任を求めます。その際、社長である私は細かな事情は一切考慮しません。

① 店長の行動プロセス管理に対するプラン説明
② 店長の役割と責任についての説明

1つ目の店長の行動プロセス管理に対するプラン説明では、店長としてどのように今日1日のオペレーションを行うつもりだったのかを詳しく聞きます。労務費がオーバーしている場合によく説明を受けるのが、新しいアルバイトスタッフを育成するために通常より1人分増やしたという理由です。その場合は、数カ月間、定点観測をして、成果はあったのか数字を見ながら必ず報告をしてもらい、ほかの店舗でも流用できるようにします。

もう1つは店長の役割と責任についての説明です。「売上の責任は私が持つけど、自分でシフトを作った店長の役割と責任はある」と、少し厳しく迫ります。

売上の責任を持たないとプロセスがおざなりになりがちです。しかし、自分で決めたことには、プロとして責任感を常に持ってほしいと思います。ここで店長としての本気度を再度確認します。そして、フィロソフィーにある「約束を守る人」になることを求めます。厳しさの裏にあるのは、できない約束をしないということです。自分で実現可能と思う、そしてそれを達成するということを求めていきます。勝とうと思わないと、勝てないチームで終わります。

結局、利益の出ない店舗運営をしていたら、スタッフを含めてどれだけ頑張っても、その働きに価値がないことになってしまいます。「1日の働きに価値が生まれていないなら、やるだけ無駄」という事実を伝えて、現場の責任者である店長の役割と責任を果たしてもらうことを期待しています。

経営者としてこうしたポイントを相互理解のもと、日々浸透させていくことで、就任時はシフトをどのように組めばいいのか分からなかった若手店長も、3カ月も経たないうちに前年の実績や次の日の天気予報などを参考にしながら次第に適切なシフトが組めるように成長します。求めれば、年齢に関係なく、学習し成長します。

廃棄ロス1%に挑戦

1日の利益を確保するためには、廃棄ロスも見落とせない冗費の一つです。廃棄ロスは、大きく3つの項目に分かれます。

① 厨房でのロス

②店舗でのロス
③ミス、エラーでのロス

1つ目の「厨房でのロス」には、厨房でケーキを落とした、砂糖を入れるのを失念したなどの計量ミス、シュークリームの焼きが甘いなどのオーブンでのミスなどがあります。2つ目は、商品の売れ残りや注文の聞き間違いなどで発生する「店舗でのロス」です。そして3つ目は「ミス、エラーでのロス」です。これは、店舗側の対応に問題があったかどうかが判断しづらいため、必要経費として考えます。

厨房でのロスと店舗でのロスは、ほとんどが従業員のケアレスミスが要因であるため、日頃から気をつけて取り組めば減らすことができます。そこでケアレスミスでロスを引き起こした場合には、1枚のシートに「起こしたロスの内容」「日付」「ロスの売価」などの事実だけを書き起こします。その際、対応策を項目に入れていないのが特徴です。私はこのロスを書き起こすという方法を社内で仕組み化させただけで、これまで3～5%あった廃棄ロスが1％に減りました。

これは盛和塾の先輩経営者から教わった方法です。その先輩経営者は、ファミリーレストランやラーメン店など、さまざまな業態の飲食店の経営や代理店を幅広く手掛けています。品質管理について相談しているときに、私が運営している店舗の廃棄ロスを尋ねられ、「ケーキを100個作ったら3～5個はダメになります」と答えたら、私の利益に対する意識の低さにすごい剣幕《けんまく》で怒られたのです。「経常利益を1％でも上げようと思うなら、廃棄ロスはもっと下げないといけない」という話を聞き、やり方を詳しく教えてもらいました。

最初は半信半疑でしたが、翌月からすぐに取り入れてみました。すると、それまで4％前後の廃棄ロスだったのが取り組み始めた月から1％に変わったのです。優秀な店舗だと、0・3％という数字を出せるようになったのです。

ロスした内容と金額を書くだけで、なぜこんなにも効果が上がるのか――。ロスを言語化、数値化することにより、無意識行動に意識行動が加わることで、行動に変化が生まれます。つまり、失敗した本人が自責の念を抱くだけではなく、行動に影響するからだと考えています。失敗してしまったときに反省だけで終えてしまうと、具体的な原因の理解と対応策が頭の中に残らず再び同じような失敗を繰り返してしまいます。

しかし、一度立ち止まって自分が起こしたロスを言語化することで、自分が間違った内容やプロセスが頭の中に刻まれ、記憶として残り行動に影響します。どういう対処をすればよかったのかが当事者のなかで学習されていくことに加え、ミスにより起きてしまった廃棄ロスの売価を数値化するのも大きな効果になっていると考えています。ロスをしたことを報告書にまとめることで、同じ失敗は二度と起こしたくないという意識付けによって、スタッフは自分で成長します。

自分のケアレスミスを減らすには、各自で緊張感を持つことが必要だと思います。なぜなら、忙しいときほどスタッフはロスを起こさないからです。ただ廃棄ロス率は、気を抜くとすぐに4~5%に上昇してしまいます。店舗の定休日前の天候や気温の読み間違えなどは、次の日にリカバリーができず一気に廃棄ロス率が高まるため、店長はより緊張感を持って取り組んでいます。

自分で改善できる力を養う「ヒヤリハットチェック」

一般的にヒヤリハットチェックとは、重大な事故につながってもおかしくない一歩手前の事例をみんなで共有し、予防する取り組みのことを指します。おもに工場や建築現場など危険と隣り合わせの職場で導入されていることが多いですが、私たちも早くから採用しています。

このヒヤリハットチェックを採用しているのは、販売などではマニュアルどおりにいかないことが多いからです。

毎日同じような業務で、同じようにお客様に対応していても、そもそもの「自分自身」が一定ではありません。一定でない自分自身が下す判断と対処が不安定では、プロとして良い接客ではないのです。

そこで、自分が「やってしまった」「しくじった」「お客様に怒られた」……そんな経験をできる限り言語化して、ミスやエラーを一つでも減らすという小さな気づきの機会になるように、従業員にはヒヤリハットチェックに取り組んでもらっています。

私たちは、一般的によく行われている包装技術やマナー研修などは行っていません。それらは、受動的な取り組みだからです。次につながるのは「自発的な取り組み」です。ヒヤリハットチェックもそうした気づきの一つと考えています。

小さなミスやトラブルがあった場合、ヒヤリハットチェックに記入し、お客様や一緒に働くチームの皆に迷惑をかけたときは「どのような内容か（事象）」「何がよくなかったのか（原因）」を記入して、お互いの学ぶ材料の一つとして「改善報告書」として全店に告知していきます。自分で意識し、練習してスキルを向上させれば防ぐことができるミスが大半です。それを自身でしっかり認識して、すぐにゼロにはならなくても5回のうち1回改善できればOKというペースで、このヒヤリハットチェックは運用しています。なぜなら本人の気づきが重要だからです。本人が意識し、気づかないことには成長は期待できないのです。ヒヤリハットチェックでミスやそこに至った原因を見える化し、本人に気づきを生み出そうとするのが狙いです。それがきっかけとなり自発的な取り組みにつながるのです。

ただ、なかには個人での対応だけでは解決できないトラブルもあります。そこで、どのレベルで問題に対処しなければならないのか「本人」「店舗」「会社全体」の3つに分類してもらい、会社全体のケースについては本店に共有して対処するようにしています。

例えば、私が経営するケーキ店では写真プリントケーキを販売しています。お客様が持ってきた写真などを添えて、オリジナルのバースデーケーキを作ります。プリントする機械は本店にあるので、基本的には7日前までに予約してもらうルールにしています。しかし「7日前は営業日のみを計算するのか」「定休日も入れるのか」など、細かなルールが決まっておらず、なかには明後日には欲しいというお客様の無理を聞いて、対応する店舗も出てきたりしています。それによって、事情を知らない各店が、以前このような対応をしてもらったからできるだろうとお客様に迫られて、困ることがあります。

これは個人で対応するレベルではなく、会社全体でオーダーの仕組みを見直す必要がありました。そこで再度ルールを改め、ホームページでお客様に再広報し、店舗にも共有して、いま一度ルールの徹底を図りました。そのおかげで、今では安定して運用ができています。

個人のケアレスミスの改善は時間を要する取り組みではありますが、着実に変化があり、店舗のサービス向上につながっています。

4～5月に新卒社員が各店舗で接客をし始める頃は、ヒヤリハットチェックシートが通常の1・5倍のボリュームになります。3カ月も経つと、ヒヤリハットチェックを行う数も大幅に減り、新入社員もこれまでできなかったことができるようになってきます。

もちろん、そこにたどり着くまでには、思うように仕事ができないジレンマや自信喪失なども新入社員たちは体験します。3日間ほどへこんでしまう新入社員が出るのもこの時期よく目にする光景です。そんなときでも、先輩は「無理してでも、お店に出えや」と言って、後輩たちにハッパをかけます。先輩自身も一緒に店舗に立ってアドバイスをしたり、接客している後輩の後ろに回って、ケーキの箱詰めを手伝ったりしてフォローしています。これは、新人なら誰もが必ず通る道なのでいかにして自信をつけていけばいいか、先輩たちがいちばん分かっているのだと思います。

ヒヤリハットチェックを導入したのはコロナ禍の2021年でした。それまでは「改善報告書」のみを運用していました。違いは書く内容と、その後の提出先です。改善報告書は、ヒヤリハットチェックになかった改善案まで考えなければならず、かつ本店への提出が義務化されていたので、提出は本来その日なのですが、3～4日かかったり、改善報告書を書かない人が出てきたりと、安定した運用ができていませんでした。その結果、同じミスばかり起こしてしまう従業員が続出し会社の仕組みと実態とのズレが課題でした。

報告書の作成を続けるには誰もが簡単に書けるものであるべきだと考え、責任を追及するのではなく、本人に問題点への意識を持たせて、あとは改善意欲を信じて待ちます。そんな考えから、気づきの細分化と行動の細分化によって、取り組みやすく効果を実感できる今のヒヤリハットチェックの仕組みに進化し、全体でのミスやエラーの数が減って、お客様に迷惑のかかるような大きなミスやエラーが激減しました。

自分で、手順や対応のまずさを認識するだけで、人は変わることができます。驚くほどの変化が生まれるので、ミスやトラブルが減らずに困っている経営者は、ぜひ一度試すとよいと思います。

品質管理は「数値化」が命

一般的に職人気質のパティシエが多かった時代には、品質管理についても先輩たちの背中を見て学べという風潮が大半を占めていました。そのような環境では、10年経ってようやく一人前といわれるため、いつまで経っても一定の品質を保った洋菓子を提供できず、オーナーパティシエなどが一人でその店の味や品質を支えている構図でした。そのため、組織として、仕組みとしてはほとんど機能していませんでした。

そういう体質から脱却するため、私は「数値化」を品質管理の基準として設け、徹底していきました。

1店舗のみで商品を提供している場合、細かく数値を設定して共有しなくても、近くにパティシエがいるので、「阿吽《あうん》」の呼吸で、ある程度の品質を保つことができます。しかし、多店舗展開するようになると、パティシエの数も増えるため、一定の基準を設けないと味が店によって変わってしまい、お客様のクレームにもつながります。そのため「原材料の調達」「鮮度の管理」「製造工程」「仕上げ工程」においてさまざまな数値基準を設けており、それによって一定のクオリティで作業が行えるようにしています。

原材料は、業務用製品の卸会社や果物店、乳業会社など、幅広いネットワークを持つ取引会社と密に連携をとって調達しています。地元の果物の場合は、生産農家から直接仕入れることもあります。原材料選びでは、「安全安心の100年素材」など、独自の基準を設けて行っています。

なお、具体的な仕入れ時期に関しては、小麦粉や砂糖、一部加工品（栗など）など日持ちのよい原材料は、基本的には月頭や月末などにまとめて行います。牛乳や生クリームは必要な量を毎日仕入れています。イチゴやイチジク、マスカットなど日持ちの短い果物は、果物店や生産農家と連携をとって、収穫できる時期を見定めながら行うので、商品を作る4、5日前～当日に納品してもらいます。柑橘《かんきつ》類やリンゴなど少し消費期限の長い果物類は、1週間前を目安に仕入れます。ソースやピールなどは、私たち自身で自社加工します。

果物を中心とした原材料や、パティシエが泡立てた生クリームなどは、温度と湿度の徹底管理された恒温高湿冷蔵庫で新鮮な状態のまま保存しています。この冷蔵庫は、0〜2℃の低温で湿度97％を保つことができるため、食材（果物や生ケーキなど）の乾燥を抑え、新鮮さを維持することができるからです。作ったときよりも状態は良くなります。従来の「業務用冷蔵庫」は冷気を上から下に流して冷やすため、対流が起きてしまい、一定期間置いておくと食材が乾燥してしまいました。

その点、恒温高湿冷蔵庫は、無風で、温度も低温で一定、しかも湿度も高いので、まるで氷の中に入れてじわりと冷やしているような環境がつくれます。生クリームなどは、できたてよりも、恒温高湿冷蔵庫で6時間ぐらい寝かせたほうが、ケーキ自体のまとまり感も出てきます。

商品ごとにレシピがあり、小麦粉や砂糖、ベーキングパウダーなどの必要原材料の分量は決まっています。しかし、洋菓子づくりにおける技能においては直感（経験からの予測）が求められ、細かな基準や考え方を示されないことがほとんどです。従来の洋菓子店のオーナーパティシエは、「これはいいが、これはダメ」といった「0か100か」の指示のみです。本来、パティシエはその間を知りたいのですが、教える側のパティシエも、どうしても自分の経験に基づいた主観的な判断で洋菓子作りをしているため基準を分かりやすく示すことができません。

一方、私たちは製造過程における基準を数値化しています。簡単なことでも、数値化して、ブレないように教える標準的な数値と仕組みを整えています。シュークリームは生クリーム30%、カスタードクリーム70%を配合する、シフォンケーキでは最初に卵黄生地にメレンゲ30%を入れるなどがその例です。これは基準ですが厳密には求めておらず、パティシエによるバッファを設けています。その日の温度や湿度によって、含まれる水分などが異なるからです。ただ、目安となる基準があることで、繰り返し行えばクリームの粘り具合や生地の色や硬さなどで、作り手は最適解を経験的に導き出せるようになります。

デコレーションに関しては、見た目の美しさを安定して仕上げられるように大きさや高さを数値化しています。例えば、誕生日などの記念日ケーキはファミリーで食べる機会が多いので、高齢者から子どもまで、幅広い世代をカバーできる大きさにしています。子どもが食べるとなると、スポンジの厚みは約1・2センチが大きさの限界になってくるので、私たちが作るケーキは、生クリームとスポンジ＝1：2のバランスで、1・8センチほどの高さになります。それを3層に重ねて上面をナッペして6センチの高さに仕上げます。

また、この記念日ケーキは注文を受けてから15分で完成させるサービスも提供しており、そのためには社内技術検定で基準をクリアしなければ、作業ができないようになっています。このように基本技術の標準化と数値化をベースに商品作りの品質管理を行っています。

「おいしさ」と「時間短縮」を生み出す設備群

私たちは、厨房設備だけでなくショーケースにもこだわっています。冷蔵のショーケースは0～2℃の低温管理をしています。理由は外気の温度の影響による品質劣化を避けるためです。生クリームなどの乳脂肪は10℃くらいから品質の劣化が始まり、15℃を超えると分離が始まります。ケーキのおいしさは、作ってからの時間ではなく温度の影響が大きいのです。そのため、販売においても注意して取り扱う必要があります。お客様に商品を渡す際に「できるだけ早く冷蔵庫にお入れください」という声がけを欠かさないのはそのためです。この一言が、食べる際のおいしさに必ず影響します。

ほかの洋菓子店で、商品の味や品質を損なわないための知識不足を感じさせられることがあります。例えば、焼き菓子用の袋です。お菓子の鮮度を保つために脱酸素剤を入れているにもかかわらず、酸素を通す袋を使っている店舗をよく見かけます。これでは、なんのために脱酸素剤を使っているか分かりません。通常は「ガス袋」といわれる酸素を透過しない処理がされた袋を使います。見た目がよく似ているので、お客様には分からないかもしれませんがプロが見ると一目瞭然です。おいしい洋菓子を作るには、基本的な知識を持って対応しないと商品の鮮度や味にすぐ影響が出ます。

10年以上前に導入した「ブラストチラー」という業務用機器があります。一般的な急速冷凍機は、マイナス20～マイナス30℃の冷気を当てて、商品の中心まで冷やして凍らすというのが大半ですが、ブラストチラーは違います。急速冷凍機の場合は、商品に含まれた水も急速冷凍で閉じ込めますが、ブラストチラーは出てくる熱気や不要な水分を吸い上げながら冷やすという独自の仕組みを持っているので、おいしい鮮度のまま食べることができます。プリンやシフォンケーキなどを焼いたその日に提供するために使っています。

ブラストチラーでプリンを冷凍する際、中にある水分を湯気にして取り除くため、プリンの中には余計なものがまったく残りません。プリンとして固まっている状態です。これが急速冷凍機の場合だと水が小さい粒子として冷凍されてしまうので、不要な水分もプリンの中に残ったままになり、解凍したときにはプリン内にある水が溶け出してプリンがひび割れを起こして中の水分が流れ出てきます。こうならないようにするためには、焼き上がったプリンの温度が下がるまで常温で置いておく工程が必要になります。それにプリンは出来上がってすぐは卵のにおいが先に立ち、味としての印象もあまり良くありません。そこで、一晩寝かせて翌日販売するのが従来の工程では必要でした。

このブラストチラーを活用すれば、一気に冷やしても変性することなく、かつ冷えた状態でも卵のくさみを吸い上げてくれるので、その日に販売することができます。そのため、これまで必要だった在庫管理日を1日短縮でき、業務効率化も図れます。

最近でこそ増えてきましたが、業界全体としては、このブラストチラー設備を導入している洋菓子店はまだまだ少ないです。

私の経営する店舗では、本店とモール店にブラストチラーを導入しています。モール店は焼きたてのプリンと焼きたてのシフォンケーキを売りとしており、ブラストチラーがあるおかげで、シフォンケーキも表面のふんわり感と、中のしっとり感のある商品を毎日提供できるようになっています。

他社にはない、原材料選びの基準「安全安心の100年素材」

品質管理において、私たちならではの基準として挙げるなら、「安全安心の100年素材」という考え方があります。洋菓子に使われるソースも、半製品を使えば電子レンジで解凍するだけですぐに出来上がります。業務を効率化でき、かつコストもさほどかかりません。

その一方で、取り除くことのできない添加物や同じような味の商品が出来上がってしまうため、何度も購入するお客様には「飽きられる」、さらには、安全安心を求めるお客様には、敬遠される可能性があります。

そのため、私たちは半製品段階でも添加物など使わずに加工します。イチゴやグレープフルーツなど店舗で使うソース類は、自分たちで加工しています。限られたシーズンにしか入ってこないデコポンも生産者から直接仕入れて製品に仕上げます。グレープフルーツは、加工から始めて季節限定のグレープフルーツプリンを作り、果皮は加工してチョコレートをかけてバレンタインに販売します。

素材選びの基準にしているのが、「安全安心の100年素材」という考え方です。具体的には「100年以上食されている原材料」です。「お客様が安心・安全に食べられる原材料であること」「誰にでも分かる原材料表示であること」なども、あわせてその要件としています。

この基準に当てはまる原材料の一つにバターがあります。バターは食されて1000年以上の歴史を持つ伝統ある原材料であり、基本的に添加物も入っていません。バターの代用品として開発されたマーガリンは150年ほどの歴史しかなく、乳化剤や安定剤などの添加物も用いられていることが一般的ですので、私の店では一切使いません。仕入れ先の人からは、バター不足のこの時代だから、どこでも使っていますよ、とよく売れているので勧められるのですが、私たちの基準を満たさないため断っています。

しかし、技術の進化で不二製油から無添加の植物性バターが販売されています。私たちの100年素材の選択基準が揺らぐ状況です。けれども、前向きにこのバターを使った製品試作を今繰り返しています。ほかにも、豆乳を使った製品作りなど、植物原料の製品化を考えています。

一方、ベーキングパウダーは使っています。熱が加わると出てくる炭酸ガス、アンモニアガスは人間の身体でも産生されるので、人体への害がないという理由からです。

パンなどによく入っているショートニングも私たちは使わない原材料です。なぜなら明確な説明はできないけれど、悪玉コレステロールを増やすトランス脂肪酸が含まれているということで使用しないのです。

このように、分かりやすく明確な理由をもとに、使う原材料、使わない原材料を区分しています。よく誤解されるのですが、必ずしも加工品だから使用しないというわけではありません。私たちが掲げる3つの要件に該当するか、しないかで決めています。その理由は、新入社員のパティシエが販売スタッフとしてお店に立ったときに、自分の言葉で説明できるルールにするためです。それにより、お客様も納得して購入できる、そんな関係を築きたかったからです。

また、スタッフ本人にとっても、自分の仕事であるお菓子作りに対してプライドを持って取り組めるようになります。これにより、私たちが提供している製品やサービスに対してお客様の信頼度も高まっており、それが売上・利益向上にもつながっていると考えています。少し視点は違いますが、子どもを持つスタッフは、自分の家族に食べさせても安全な材料で作られたものを選びます。この想いが、そもそもの100年素材の考え方です。

さらに、解釈を進化させて「『パレット100年スマイルビジョン…おいしいシアワセ、召し上がれ』パレットは親・子・孫と3世代100年を超えて『笑顔』でつなぐ親切な店づくりに全力を尽くすことを使命とします。ここにパレットがあってよかったと地域の方々に愛され、誇りとされ『滋賀のケーキ屋といえばパレット』と、言われる店を目指します。」と、ビジョンを掲げています。

日次採算表をもとに、売上目標やシフトも作成できる

店長は、日次採算表の前期売上実績をもとに、今期の売上目標を作成します。このとき、会社から売上目標に対して指示されることはありません。店長が責任を持って達成できる数字を、店長の意思で決められます。それを月別に割り振り、日別に落とし込んでいきます。それをもとに、その日どのくらい人員が必要なのか、仮のシフト表を作成していくこともできるのです。

店長は毎日の「行動プロセス」の責任を負いますが、「売上」は社長である私が担います。それでも、自分自身が無理をしたくないために売上目標を前期と同じほぼ100％で設定する店長がたまにいます。その店長には、「材料費も上がる。労務費も上がるのに、売上が去年と同じというのはおかしい。それでは、『私は店長としての能力がないです』と言っているようなもの。給料下げてくださいって自分で言っているのと同じことです」と話します。そうすると、いま一度自分の心に問い直して、再度売上目標を立ててきます。

ここで大事にしているのは、店長自らが決めることです。トップダウンで決めたことは、その人を変化させるまでの影響を与えることはできません。自分で考えて決めたことは、それを実行するための自発的なアクションにつながりますし、達成できなかったときはどこがよくなかったのか自分なりに反省もします。経営者からすると、具体的な数字で行動目標が可視化できるので、店長を中心とした従業員一人ひとりの変化を促進できるのが日次採算表の一つの特長だと思います。

毎日の数字から、1年後の売上・利益を予測

いろいろな経営者に「店舗を一軒一軒毎日回っているのは大変だね」とよく言われますが、そんなことはありません。日次採算表はその日の夜に各店から本店にメールで送られて、転送設定で私のiPadに送られてきます。わざわざ私が店舗を回らなくても各店の売上や利益は把握できます。エクセルでテンプレート化しており、新入社員が色のついた必要項目に入力するだけで、自動計算され、店舗のすべての数字が反映されます。

店長にとっても、次の日には店舗の売上・利益、FLコストなどが分かるようになって

います。店長たちに話すのは、毎日の数字から、いかに1年先の未来を読み取って行動できるようになるかです。日次採算表には、過去3年分の売上や利益、原価なども表記しています。対前年比で今どんな位置にいるのか、比較しながら成長度合いもイメージできます。飛行機にたとえると、今どのくらいの高度で飛行し、燃料の残量がどのくらいあるのかが分かるという感じです。数値（計器）から逆算して、目標とする空港に何時に到着するのかを予測できるのです。日次採算表はそれと同じです。今、自分たちの店舗がどの位置にあって、1年後には目標を達成できるのか黒字になるのかが、毎日の数値から判断できます。

日次採算表を機に生まれた店舗連携

店長や経営者が常に日次採算表で確認している1時間当たりの売上においては、ベースラインとなる基準があります。それは「時間当たり売上４２００円」です。各店舗がこの数字を下回ってしまうと、「そのお店は頑張っていない」ということが、新入社員も含め、誰もが理解できるようになっています。

このベースラインを超えるには、単純に分母となる時間を減らす、もしくは売上を上げるの2つです。時間とは、働いているスタッフの人数（労働時間数）です。事前に組んだシフト体制がその日の売上に見合っていないというのが、いちばんの原因となるからです。

それなら、その日のシフトで入る人数を減らせば解決かというと、そう簡単なことではありません。この最適解を決めるのが難しいのです。前年度の実績や気温の変化、天候などのデータから予測してその日のシフト人員を割り出すものの、思いのほかお客様が少なかったり予想以上に来客が多かったりします。時間当たりの売上を高く求めすぎても今度は商品品質やサービスの低下につながり、お客様満足度がダウンしてしまいます。私たちの店舗でいえば、時間当たり売上で７０００円以上が続くと、目に見えてミスやエラーが増加する傾向にあります。

日次採算表をつけることで、忙しい状況がサービス低下につながることが分かってきました。そこで、事前に忙しくなる日が予測できるときは、各店長を中心に店舗間で情報共有をし、人や厨房を貸し借りして組織全体で対応するようになりました。

例えば、モール店で事前に膨大な量のケーキや焼き菓子の予約が入っているときは、厨房の設備が整っている本店で集中して作り、商品をモール店に届けるフローが出来上がりました。人手が足らず忙しい店舗は、本店からスタッフを派遣してもらって販売や製造に対応するヘルプ体制も整えました。

忙しいのは、その店舗だけの責任ではなくて、私たち全体の問題として店舗間連携で対処できる体制（店長同士が情報共有して決定できる仕組み）が整ったのです。

それでも無理な場合は、「キャパを超える注文は断っていい」と、私から各店舗に伝えており、最終判断は各店舗の店長に一任しています。自分たちのお店に足を運んでくれた、目の前のお客様の満足度・納得度を高める商品やサービスの提供に徹しようという共通認識をスタッフ含めみんなが持っています。

むやみに客数を増やしたり売上を上げたりすることが、私たちが求めるお客様満足とは違うということを、常に目にしている日次採算表から学びました。

店舗として、適正な利益をしっかりと確保して、目の前のお客様を大切にした洋菓子作りや接客をしていると、経常利益は10％以上出るようになってきます。店長たちは無駄なコストが出ないように、日々の業務への目配りを怠らず、習慣として意識することが大切ですが、私としても体を壊すぐらい働くことは求めません。

自分の体調を維持することで、店舗を円滑に回すことができます。だから、時には断る勇気も必要だというのは、店長には常々話しています。しかし、店長を含め従業員たちは、お客様の喜ぶ顔を見るのが好きなので、忙しくなっても知恵を絞って頑張ってしまうようです。

なお、本店へ洋菓子の製造を依頼した場合、店舗間での社内取引が発生します。その場合日次採算表には、どのように売上を反映するかというと、80％がケーキを作った店舗で、残りの20％が販売した店舗の計上となります。販売側の店舗としては売上額が少なくなってしまうものの、夜中まで働いてケーキを作るコストと時間は、ほぼ回避できます。外からは決して分からないことですが、店長を中心に店舗内では非常に苦労しながら、こうした社内調整をしています。

店舗間で密に情報交換をしながら役割分担をして組織全体で売上や利益に貢献する体制が構築できたのは、新型コロナの影響が非常に大きいです。

新型コロナに罹患《りかん》すると、当時は10日間出勤できなくなり、突然一人の従業員がシフトから消えてしまいます。最初は、「大変なことになった」「どうしよう」と嘆き、戸惑いながらシフトの調整を行っていましたが、次第に急なスタッフの長期休暇にも迅速に対応できるようになってきました。

例えば、あるお店で、従業員の1人が新型コロナにかかって10日間休むことになれば、その従業員の代役を急遽調整してその店舗に派遣しなければなりません。もし病欠になったのが入社3～4年目のパティシエだとすると、いちばん多くの従業員を抱えている本店から、同レベルの技術を持つパティシエを手配することになります。この場合であれば、ある程度1人でどんな仕事もできるレベルのパティシエがヘルプ要員の対象となります。従業員の経験やスキルレベルをランクに分けて、それに見合った人材を手配できるようになったのはここ2～3年のことです。

コロナが流行し始めた当初、誰でもいいので1人欠員の出た店舗に行ってもらう、その場しのぎのやり方で乗り越えようとしていました。しかし、そのようなやり方では、受け入れ店の店長や従業員からクレームが出てきます。それも当然です。休んだ従業員と同等の技術レベルがなければ、任せられる仕事も限られてしまい、限られた人数で回している店舗にとっては、反対に手間がかかることになってしまうからです。

こうしたトライアル&エラーを経て、みんなで学習し、ようやく組織全体として助け合う土壌が生まれるようになり、ここ数年で大きく成長することができました。

また、店舗間での人の貸し借りや、他店舗へのケーキ作りの依頼などのやりとりが頻繁になってくると、若手の従業員やパートスタッフも、大変な現場を目にすることが増えるようになります。そうすると、従業員一人ひとりがこれまで以上に自律的になり、身体が少々キツくても、簡単には休まなくなってきました。組織の中で見えない緊張感が伝わり、「自分もしっかりしなければ!」という責任感が芽生えて、一体感が醸成されてきたのだと思います。

人が余っているときは、パートさんが早退を申し出てくれる

また店舗としての一体感が如実に表れているのが、パートスタッフの早退の自己申告です。パートスタッフのなかでもベテランになってくると、社員や店長並みに店舗の動きを把握しています。天候や気温、商品ラインナップや残りの商品数、厨房の忙しさ、お客様の流れなどを見て、午後から人手が必要かどうかを瞬時に見極めることができます。「このお客様の流れだと、今日はスタッフが余りそうだ」と判断したら、「私、今日16時で上がっていいよ。その代わり店長に一つ貸しね」と、冗談を言いながら、通常よりも早い退社時間を申し出て労務費の調整に協力してくれます。これは、私や店長が強制的にお願いしたわけでなく、パートスタッフから自然発生的に声が上がるようになったことです。

もちろん、パートスタッフのなかには早退の調整を受け入れてくれる人とそうではない人がいるので、それは本人の希望を尊重するようにしています。ただ申し出てくれるパートスタッフには、通常よりも時給をアップして、店舗への貢献度を評価するようにしてい

ます。

なお社員の場合は、1日の労働時間（8時間）が就業規則で決まっているので、それより早くに退社してもらうことはできませんが、お客様が少ない場合は定時退社で調整するなどフレキシブルな対応を行っています。

このように、社員やパートなどの雇用形態の枠組みを超えて、みんなで助け合いながら店舗運営を行っています。店長にとっても、シフトを作成して終わりではなく、営業中でもお客様の状況に合わせて人員を調整できるので、営業終了後まで、行動プロセスのマネジメントを追い求めることが可能です。

フィロソフィーにより日次採算表が個人の成長の起点になる

実際、この日次採算表で、経営会議を進めていた当初は、「やらされ感」で仕方なしにやっていたり、「これを続ける意味があるんですか」と反発する店長が出てきたりと、目指す経営とはほど遠い状況でした。

日常業務に追われて、目の前のことへの苛立《いらだ》ちが積み重なってくると、感情的な反発につながります。どちらかというと、パティシエはクリエイティブ志向で数字があまり得意ではない人が多く、日次採算表に慣れるまでに時間がかかります。特に数字を苦手とする人は感情的反発も加わります。

そこで、日次採算表での数字の意味を理解してもらうために、数字から今後の判断の根拠となる価値観などを言語化したパレット・フィロソフィーを冊子として作り、考え方や価値観の共有と浸透を図りました。新卒社員や中途社員には日次採算表とセットで教えています。

日次採算表の数字に縛られたものの見方や考え方は、日々の仕事がとても窮屈で追い込まれているようになってしまい、気持ちもすさんできます。日次採算表は、目の前の今日1日を数字で表したもので、1年で見れば、一瞬を示しているだけにすぎません。

一方で、パレット・フィロソフィーは、これから自分たちが目指す未来への指針となります。これまで日次採算表の数字で一喜一憂していたのが、パレット・フィロソフィーを共有することで、長い時間をかけて目指していくことや、今自分たちがどこにいるのかなどを理解できるようになったのです。フィロソフィーの共有が「もっと成長していきたい」と考えるためのツールとなり、目の前の数字を通過点としてとらえられるようになると、利益を上げる以上にスタッフ一人ひとりの成長にとって意味のあるものになります。もちろん、フィロソフィーの浸透には時間がかかります。そこで、フィロソフィーを理解するのに最も効果的なのが、先輩が「ヤッテミセル」ということです。

「日次採算表」では見えない数字も意識すること

材料費はほぼ固定費なので、店長がコントロールできることはないとお伝えしましたが、材料の仕入れの仕方などによっては、この原価が時間当たり売上やＦＬコストに大きな影響を与える場合があります。

例えば、4月末に1年分の包装資材３０００枚を仕入れたとします。ほとんどの場合、商品自体は仕入れ先会社が預かってくれますが、請求書は一括で先に上がってきます。最初の納品が5月の場合は、請求書の処理は4月末に行われ時間差が生まれることがあります。それが日次採算表に反映されるため、仕入れ原価が一気に跳ね上がり、異常値が出てきます。

　このことは、現場の店長しか分からないため説明を求めます。「なぜ納品と請求を同時にしてもらうように協力会社と交渉しないんだ。交渉はできるだろう」と伝えます。協力会社は、自分の会社の事務手続きとして行っているだけかもしれません。

　だからこそこれではうちは困ると、協力会社の担当者に掛け合う必要があります。今は低金利なので、それほど利子はかかりませんが、普段からコストを抑える意識を持つことで、経営に対するインパクトが違ってくるのです。


　日次採算表では、細かなキャッシュフロー（現金の流れ）は見えてきません。しかし「『見えていないから』『私の責任じゃないから』といって、無頓着にはならないように」と、店長たちに伝えています。

　実際、私たちのような飲食業界では、伝票や資材などの仕入れにおいて、いまだに「何銭」「何厘」単位での取引が発生します。建設業界のように、万円単位の世界とは明らかに違います。そういう業種の特性があるという背景を認識したうえで原価管理を行い、日々の数字を見ていかなければなりません。キャッシュフローのように、たとえ日次採算表からは数字として見えなくても、そこを見る力を持つことは、経営者はもちろん店長にも必要で、当たり前のスキルだと考えます。その感覚や執着度合いに反比例して、利益が削り取られていくのです。廃棄率を高めてしまう理由は、実はその人の頭の中の無意識にあるのです。

日次採算表の数字から見える異常値の原因を明らかにするだけでなく、その異常値を生み出しているのは、店長や従業員の普段からのコストに対する意識の欠如といえます。この点をしっかり理解して日々の仕事に落として、ようやく日次採算表を使いこなせたと胸を張って言えるのだと思います。

1店舗1厨房主義

現在、滋賀県の大津市・草津市に6店舗を展開する私たちは、お客様に鮮度の高い商品を提供するために、それぞれの店舗に厨房を持っています。これを社内では、「1店舗1

厨房主義」と呼んでいます。

もともとこの発想を取り入れたのは、2店舗目をオープンしたときです。1店舗目の経営が順調にいき、「将来は、自分のお店を持ちたい」と言って、私のところで修業したいと入ってきた前職の後輩のために、この店舗は立ち上げました。

1店舗目と同じものをコピーしてやれば、お客様層は少し異なるものの店舗を継続的に運営できるのではないか。経営者としてはそんな狙いがありました。

ただし、自分がもし店長として働くのであれば、パティシエとしての自分の存在価値が実感できる場所にはしたい。それは、どのパティシエであっても同じことであろうと考え、店舗ごとに厨房を用意することにしたのです。だから、最初「1店舗1厨房主義」を導入したのは、今の目的とは異なる「職人の存在価値のある店づくり」という理由でした。

パティシエとして、お客様の「心に残るお菓子作り」に向き合うためのモチベーションは、どこから生まれるのか。自分なりに振り返って考えたときに出てきたのは、自分の役割や存在価値、責任というものすべてがつながっていると実感できるときだという結論でした。自分たちが「責任」と「矜持《きょうじ》」をもって洋菓子を作れる厨房がなく、他店から送られてくる洋菓子を売るだけだったら、いくらどのお店よりも休みがあり給与が高くても、頑張れるはずがないと強く思いました。

洋菓子づくりにこだわるパティシエの満足感や達成感を大事にした店づくりの考え方が、この「1店舗1厨房主義」には凝縮されています。

多店舗展開していくと、大型の厨房を持った大規模店で生菓子や焼き菓子を集中して生産し、各店にデリバリーする製造システムのほうが、高効率で商品を生産できるので多くの企業が導入すると思います。

しかし、私は今でこそ厨房に立つ機会も少なくなりましたが、洋菓子作りが好きなので、販売のみというやり方だけはしたくないと思っています。実際、パティシエたちを見ていると、自分たちの作った商品に対して気持ちを込めて接客しています。それはお客様と向き合った際の声がけや態度に表れます。結果として、お客様からの信頼をいただいて、売上にもつながっているのです。

1日ごとに交代する「販売リーダー制」

本店には、販売専門スタッフの社員が複数人在籍しています。シフト制で勤務しているため、現場では毎日販売リーダーが代わる仕組みができています。

実は私から「ああしろ、こうしろ」と言ったことは一度もありません。現場で考えて、現場が動きやすい形を試行錯誤するなかで生まれた仕組みとルールです。だから、私はどんなことを話しているのかあまり知りません。

店長や各セクションリーダーに聞いてみると彼らの試行錯誤が見えてきます。まず販売リーダーは、接客だけでなく厨房にショーケースの情報（どんなケーキがどのくらい残っているのかなど）を共有し、別注分や時間指定の優先オーダーがある場合は、その手配や包装の準備などの段取りを行います。例えば、「今、ガトーショコラケーキに10個オーダーが入ったので、それをお渡ししたら在庫ゼロ」といった大きな依頼が入ったときも適宜厨房に知らせます。厨房にいるリーダーたちと1日に2回、リーダーミーティングも行います。リーダーミーティングといっても、会議室に入って行う、かしこまったミーティングではなく、立ったままで5～6分の情報共有です。

店舗オープン前と午後3時に、厨房の仕上げリーダーとオープンリーダー、そしてカフェのリーダーが集まって、現状の商品の売れ行きや今後のお客様の混み具合などを共有します。これは強制ではなく、必要に応じて「今、時間があるから話しようか」と、リーダー同士が声をかけ合って自然発生的に集まって行われます。

オープン前は、予約注文や午後から出す商品数の確認が中心ですが、午後3時のミーティングは、仕事の進捗状況に合わせたヘルプ要員の依頼です。労務費を調整するために、パートスタッフが途中で退社する場合は、一時的に販売が回らない状況が出てくるため、厨房にヘルプ要員の声をかけます。すると、オーブンリーダーなどから「予定どおりに終わりそうなので、1人販売に回します」というふうに助け合いが行われるわけです。

販売リーダーから効果について聞くと、「リーダーミーティングを行うことによって、各セクションのズレやロスがすごく減り、夕方まで、みんなが気分よく仕事できるようになりました」と、話していました。おまけのような効果ですが、以前は若いパティシエが、先輩が遅番で働いていると帰りにくく、なんだかんだと雑用で時間をつぶすようなことがありました。しかしこの仕組みに変わって、そんな遠慮が無駄と思い時間どおりに上がることができるようになったという報告もあります。

また、正社員の販売スタッフ全員が交代でリーダーになることで、みんなが同じ目線で仕事ができ、仕事が標準化できるようになりました。店長が細かく指示を出さなくても、一人ひとりが考えて行動できる自律思考が身についたのも大きなメリットです。

支店は少人数で店舗運営を行っているため、リーダーミーティングこそないですが、話せる距離で常にコミュニケーションを交わしています。商品を作りながら、「このままのペースだと残業になるよ」「厨房は落ち着いたから、店頭に出て、パートさん手伝って」などチーム連携は抜群です。

個包装工程の機械化

ものづくり補助金で個包装をするための機械を導入しました。個包装焼き菓子は全体のうち4割の売上を上げています。サブレであれば毎日約1000枚売れており、サブレ以外にもスフレやマドレーヌなどの焼き菓子商品を合わせると、毎日2000個以上を作ります。焼き菓子を安定的に販売できると、洋菓子店として利益を生み出しやすくなります。生菓子と違い消費期限が長く商品管理が楽になるからです。包装機導入前の個包装はすべて手作業で行っていたので、パティシエにとっては非常に苦痛でした。

「もいっこ」という商品名の半熟スフレの商品があります。この商品は1個1個アイロンでセロファンを留めるので、手作業だと80~90個包装するのに約60分かかります。それに、各店舗で売る分はそれぞれのお店で包装するため、販売や製造が忙しいときは残業になります。また、包装するまでは作業スペースを確保したままになり、限られたスペースでの各店厨房では、製造作業にも支障があり機会損失も出ていました。包装を手作業で行っているときは、こうした多くの課題を抱えていました。

本店に個包装の機械を導入してからは、各店のパティシエは製造・販売に集中できる時間が増えたので、商品の品質が良くなっただけでなく、サービスレベルも高まり、好循環で仕事ができています。

焼き菓子の種類によって包装に要する時間にはばらつきがありますが、一人で手包装では毎時100~120個だったのが、機械を導入してからは毎時600~3600個と大幅に生産性が向上しました。本店だと、これまでは前日に作った焼き菓子を当日に手包装していたのが、今では当日朝に焼いた商品を午後3時には店頭に並べられるので、新鮮な焼き菓子をお客様に届けることができています。

各店で製造している焼き菓子は、製造してから1週間以内で売り切る流れで工程管理を行っています。

採算ベースで見ると、製造も包装も1カ所で行うほうが効率的で、コストも抑えられます。しかし、「1店舗1厨房主義」のとおり、「このマドレーヌは、私の店で作っているんだ!」というプライドを持てるほうがパティシエは前向きに仕事に取り組めます。他店で作った商品より、自分の店で作った商品を売っているほうが喜びを得られるからです。そこは、やはりみんな職人なのだと思います。

この前、とある店舗の店長から、「毎日店頭に出すので、焼きたてフィナンシェをうちの店だけ販売させてほしい」と、提案を受けました。「他店には、できないことだから」というのが理由です。店長の思いは分かりますが、日次採算表の視点から、「どのくらい売るつもりなの？ 毎日焼成して店頭に出るまでにかかる作業時間は？ 販売のオペレーションや新しく必要な包装資材はどのくらいかかるの？ そうして得られるメリット、デメリットを整理して、言語化してからまた話しましょう」と、いったん熱くなった頭を冷やさせました。再度話し、「やはり採算が合わないと思いました」と、報告を受けてこの話は消えました。パティシエとして自分のお店で自分が作ったものをおいしい状態で食べていただきたいという想いは店長として強いものの、自己満足になっては良くないということが分かったのだと思います。

［第4章］

長時間労働でも
職人の定着率は上げられる
ロードマップを示した人材育成で
プロ意識を高める

ケーキづくりと人づくりは同じ

私はケーキづくりと人づくりは同じと考えています。本で知り得た知識などは時間の経過と共に忘れますが、経験を通じて身体が覚えたことは何年経っても再現性が高いです。だからこそ、パティシエたちには自分が経験したこと、自分が新入社員のときに嫌だったことや学んで分かりやすかったことなどを後輩スタッフに伝えるように指導しています。教えることは学ぶことの１００倍の価値があり、教えることで学びが完結するのです。

特に、パティシエが味を覚えたり味を表現したりすることは、言語化という2次元と頭の中のイメージという3次元を行き来する行為です。自分の身体的経験を通じて、「イチゴの香りと酸味があるからこのケーキのバランス（調和）がある」などと分かりやすい言葉で表すことが重要になります。

自分の身体的感覚を言語に置き換えると相手に理解してもらいやすくなるメリットもあります。例えば、レモンであれば刺すような酸味、イチゴではみずみずしい甘味となめらかな酸味といった表現です。味わいを示す表現と自分が作る洋菓子の表現がそのままリンクしていきます。

人づくりにおいても同じと考えています。目指すは一貫して「お客様ニーズへの適応」です。適応するための最初は、「自分がどう感じるか」を知ることです。自分の感性から入るほうがリアリティを持ってお客様の気持ちをとらえられます。そこからお客様満足を考えることはそれほど難しい作業ではありません。基準は自分だからです。

一方で、店舗を任される店長はどうしても求められる時間当たり売上、利益などの数字を常に意識しています。漠然と売上が上がった・下がった、イチゴのショートケーキがこれだけ売れたという認識ではなく、数字に対して本質的に理解することがお客様の心をとらえる際に重要になります。

出てきた数字はあくまで結果でしかありません。結果をあとから変えることはできませんが、次につなげるために私たちに対するお客様の信頼や期待などを数字から読み解くことは可能です。それが経営者や店長の役割です。売上や利益に対して一喜一憂するのではなく、その数字を冷静に受け止めながらどのように想像力をかき立てて自分のマネジメントにつなげていくかが肝心で、パティシエとして洋菓子づくりに取り組んできた知見が活かせる能力だといえます。抽象と具体の思考の繰り返しです。

ショッピングモールに入っている店舗はロードサイドにある店舗に比べると固定客比率が低いのが特徴です。ロードサイド店は固定客が6～7割、新規客が3～4割という構成比率ですが、モール店は固定客が良くて2割で新規客が8割とロードサイド店とは比率が逆転します。そのようななかで、最近あるモール店の固定客比率が3割へと拡大しました。従来ではありえなかった現象です。

この数字を見て私が感じたのは大きな可能性でした。これまで長年固定客2割以下という数字は絶対に超えることはないと半ばあきらめていたからです。今から考えればこれは私の勝手な思い込みでした。

草津市における洋菓子マーケットは、大都市のように人の流動性があるエリアではないため、新規客が8割でも数としてはほとんど変動しません。そのため、固定客比率が上がると売上全体をそのぶん押し上げてくれます。つまり、今後売上・利益が拡大していく兆しがこの固定客比率の増加から読み取れるわけです。

この変化はこれまでやってきたことが間違っていなかったという証明にもなります。接客サービスや素材を活かした心に残る洋菓子づくりがお客様の心に届いていることを30％という数字は教えてくれています。出てきた数字を自分の言葉で語れるかどうかは、人を育てていくうえで非常に重要なポイントになってきます。

一人三役多能工の人材育成

一人でいくつも業務をこなせるように、私は一人三役多能工の人材育成を実施しています。製造と販売ができることはもちろん、製造のなかでもオーブンと仕上げのどちらもできることは多能工にあてはまります。ほかにも、他店が人手不足になったときにヘルプ要員として入ることができるのも三役のなかの一つの役割になってきます。

例えば、ショッピングモールで展開している店舗の場合、モール専用のクレジットカードやポイントカードがあり決済方法も一般的なものとは異なります。そのため、現場に立たないと説明を聞いただけでは理解して対応することができません。つまりヘルプで働ける人、働けない人がはっきり分かれるのです。

そのため、いつでも誰もが他店へのヘルプが必要なときにサポートに入ることができるように、私は入社3年目までに各店の製造・販売を一度は経験するジョブローテーションを導入しました。ジョブローテーションによって、各店が人手不足に陥ったときに誰かが対応できる体制を整えたのです。

実はジョブローテーションは経営効率の観点でいうとロスが非常に大きくなります。通常だと交代で勤務できるところが店長や先輩による教育時間が必要になるため、最初は店長と新人（あるいは先輩と新人）というように2人分でシフトを組まなければなりません。また、不慣れな環境で仕事をするので人によってはメンタル不調に陥るリスクもあります。しかし、この制度により一人で三役を担える人材に成長できるため、長期的には従業員にとっても会社にとっても大きなメリットになります。

一人三役多能工の考え方は少ない人数でチームを成り立たせる草野球的な発想です。常にそろう人数が9人ギリギリの草野球状態では、「自分はピッチャーしかできない」「外野手はちょっと無理」と言っているといつまで経っても試合が組めません。ピッチャーが途中で投げられなくなったのでサードを守っていた選手が6回から登板したり、体力的に外野が無理になればファーストとライトが交代したりして、臨機応変に一人がいろいろなポジションをこなせてはじめてチームが機能します。

私たちも従業員一人ひとりが、さまざまな職種や役割をこなし、どこの店舗でも仕事ができるようになったことで、少人数でも効率よく店舗を回せるようになりました。これは女性比率が高くなりがちなケーキ店において、従業員が産休・育休を取得しやすくなるというメリットも副次的に生まれました。子どもの保育園などのお迎えがあり、短時間勤務を希望する従業員が出てきた場合でも、周りが代わりに業務を担ったり、ヘルプ要員として店舗に入ったりできるので、安心して産前・産後休業や育児休暇から復職できます。

一人一役しかできない場合だと、一般的なケーキ店ではこうした福利厚生を整えることは実態としてほとんどできません。実際にほかの洋菓子店などは、こうした状況によって人材採用や人材定着という点で苦労しています。一人三役多能工を導入したことで、人材定着率も上昇し、私たちは2021年に従業員の育児休業・育児休暇の取得推進等に熱心な企業として大津市から表彰されました。

新卒採用の会社説明会などでは、「私は製造だけをやりたい」と希望する学生も多く、最初は私の考える一人三役多能工という制度に関心を持ってもらえることはなかなかありませんでした。しかし、「みんなで互いに助け合える環境があれば、結婚、出産、育児などライフステージが変わっても仕事が続けられる」という話をすると、多くの人が考え直します。この制度に興味を持ち、将来に対して心理的安全性が高い環境があるということで、応募してくれる学生や社会人も増えてきたのです。

新規採用のときに、個人店はオールラウンダーを求め、大手企業はスペシャリストを求めます。私が経営するケーキ店では、オールラウンダーの経験のあとでスペシャリストも目指せる環境です。そういう環境はこの企業規模だからできることと説明しています。

また、この制度を導入したもう1つの理由として、販売と製造の連携を強化したかったという理由があります。個人店によくあることで、販売と製造でお互いの利益を主張し合って店舗運営が行き詰まってしまうので、昔であれば厨房をお父さん、販売をお母さんが担当して、お父さんとお母さんの戦いになってアルバイトの販売スタッフや社員が巻き込まれていくという光景は見たことがある人も多いと思います。

こうした対立が起こらないようにするには、パティシエが販売を経験すれば販売スタッフの気持ちも分かり、厨房に戻ったときにどう動けばお客様の要望に応えられるかという知見も得られると考えました。

このように一人三役多能工の仕組みは、さまざまなところでメリットがある制度であり、同時にスタッフ一人ひとりが自身の強みに気づく機会となり、自分の可能性を広げることにつながる仕組みでもあるのです。

「ありがとう」の言語化で組織のつながりと自発性を養う

目指す組織のあり方は、誰か一人が頑張って利益を出す組織でも、経営者が細かく指示を出して従業員が動く組織でもありません。スタッフみんなの持っている力が自然と結集されベクトルがそろってエネルギーが循環して利益が出る自走型の組織です。

こうした組織を作るためには、働く仲間同士が信頼できる関係性＝つながりが重要です。信頼できる人たちと共に過ごす時間を重ねることで、他者から見えている自分の姿や強みを認知できるようになります。

また、他者への信頼だけでなく自己認知も高まり、仲間に対する気持ちと同様に自分自身に対しても自己肯定感が高まり、組織全体の強みになっていきます。日々の小さなつながりのなかでの小さな気づきから生まれる安心感、信頼感の相互作用です。

そうした一つの例として、「ありがとう」がたくさん交わされる職場が考えられます。上司と部下、先輩と後輩、そして同期、立場や年齢を超えて、「ありがとう」という感謝の言葉を贈り合うことで、互いに安心感、信頼感が育まれ、ささやかな信頼関係が生まれます。些細な変化にも気づくようになります。また、一人ひとりがほかの人からの感謝の言葉によって、しっかりしなければという精神的な自主、自立の心も生まれてきます。

こうした組織文化を築くために、従業員同士による「ありがとうカード」の交換を実施することにしました。導入して20年ほど経ちますが、最初はうまくいかず従業員から「忙しいのに、ありがとうは直接言えばいいでしょ。こんなことやってられません」と猛反発に遭い、私自身も感情的になって一度はあきらめました。

導入当初は「サンクスカード」という名称で、1枚のカードを「感謝する人」から「感謝される人」へ贈るだけでしたが、リニューアル後はありがとうカードと制度名を変更し「貰って嬉しい」だけではなく「贈って嬉しい」の視点にとらえ直し、カードを2枚複写にして贈った側も記録として残るように仕組みをリニューアルして再開しました。

ありがとうカードの例

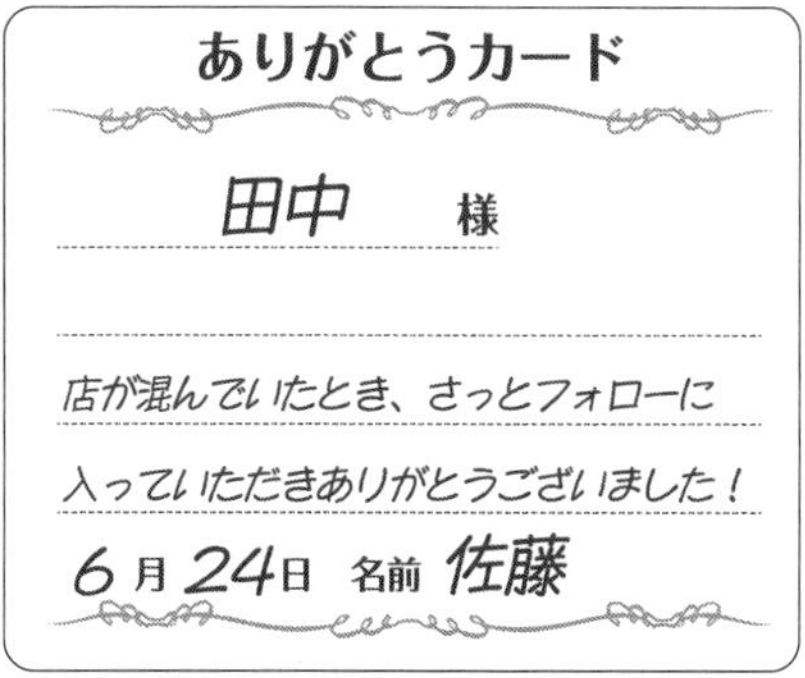

さらに、贈った枚数や受け取った枚数を全員で

競い合い、トップ3までを表彰する制度を設けて、遊び感覚でスタッフのモチベーション向上を促しました。結果、みんな積極的に取り組むようになり、今では安心感、信頼感をベースにしたつながりの強さとなっています。会社全体の強みの一つとなりました。

2024年度の経営計画発表会において、ありがとうカードコンテストというイベントも開催しました。自分が昨年1年間でもらったありがとうカードのなかで、最も心が動いた、嬉《うれ》しかったカードを全社員に一枚エントリーしてもらい、全員の一枚を見て、全員がその中から最も感動したありがとうカードに投票して1~3位を表彰したのです。

このようにありがとうカードの運用にゲーム感覚で取り組むことで、スタッフみんなが面白がって参加し、カードをまた書こうという好循環が定着してきています。直近でいえば1年間でありがとうカードが約5000枚やり取りされています。

ありがとうカードの効果は抜群で、今では困っている従業員がいると、「何か手伝おうか」という言葉が自然とスタッフ間で出てくるようになりました。感謝を伝えるほうも、伝えられるほうも、「ありがとう」という言葉を聞くことで心が和みます。

インターンシップ制度で入ってくる中学生や高校生は、洗い物をしているだけなのに「ありがとう」と言われてびっくりしたと口にしていました。感謝すること、されることの大切さに仕事を通して初めて気づくのだと思います。

この取り組みを新卒社員は素直に受け入れますが、中途社員は反応が違います。すべてが仕事の一部だと思ってやってきたため洗い物や片付けなどをやっただけで「ありがとう」と言われたことに前職では経験がなくてほとんどの人が驚きます。ありがとうカードという取り組みが組織文化として定着することで組織のつながりが柔軟で強固になっていく側面もあります。一方で、こうしたつながりが重荷と感じる人も中にはいます。

例えば、お客様から「他店ではあの商品の味が少し違っていた?」というクレームがあったとします。自分からは見えていない仕事について指摘されるとパティシエは不安になってしまいます。「違うものは作っていないはずです」という言い方で終わってしまいます。その葛藤を支えてくれるのが、ありがとうカードです。他店のパティシエと暗黙の信頼関係を築けるようになってからは、「全店で共通した工程管理基準、同じ材料で作っています。お客様からのご意見を真摯《しんし》に受け止めて全店で情報を共有し、今後のよりよい製品づくりに反映させていただきます。本日は貴重なご意見ありがとうございます」と、全員が不安のなかでも冷静に答えられるようになってきました。

スタッフ同士が信頼できる組織になっていくと、一人ひとりが自立し、自分たちのブランドに対しても誇りを持ち、胸を張ってお客様に接することができるようになるのです。

社内技術検定は、品質管理であり、自己認知のための自己対話でもある

私たちは心に残るお菓子づくりを行うベースを整えるため、入社3年目までのパティシエに対しては社内技術検定を行います。手間のかかることなので、ほかの洋菓子店ではあまり実施されていない制度です。さまざまな洋菓子店の経営者と話しても、社内で技術検定を導入しているお店を今まで私の狭い情報の中では、聞いたことがありません。

社内技術検定の仕組みを考案したのは、洋菓子店経営において、技術継承が重要なファクターであり、技術の見える化が必要と考えたからです。つまり、新人が成長するうえでの目標や課題を見える化する仕組みです。オーナーの考えるケーキを従業員たちに作ってほしいと思うのに、オーナー自身がその基準を示さず主観的な「良い」か「だめ」では伝

わらないと思ったからです。

もちろん「背中で教える」は響きだけ聞けばカッコいいですが、それではいつまで経っても、オーナーの作りたい商品を継承することはできません。本当にそう願っているのなら経営者が考える一定ゾーンの品質を分かりやすく示すべきだと私は考えるようになりました。つまり、オーナーの頭の中を数値やフレームで可視化すべきだと思ったのです。日頃から自分でレシピを考えているパティシエなら数値化ぐらいであれば簡単にできます。「時間がない」「めんどくさい」という言い訳と先送りを繰り返して、やろうとしないオーナーパティシエが大半です。それは「人を育てる」方法論の違いですが、合理的ではないと思います。「技術の見える化」は、合理的な方法と考えます。

社内技術検定制度を始めたもう一つのきっかけは、「品質管理」の必要性からです。

あるとき、お客様からある店舗の商品に関するクレームが入りました。そこには写真が添付されており、見てみるとハート型のデコレーションケーキが楕円形になっていました。すぐに作ったパティシエに確認すると、本人はハート型で作ったと本気で主張していたのです。私はこのようなことが起こることを想定できていなかったのです。ハート型といえば、ハート型に仕上げるものと思っていましたが、お客様が撮った写真は、そんな私の甘い思い込みを吹っ飛ばしました。基準値を設けないと再び同じようなトラブルが起こると強い危機感を抱きました。そこで「品質管理」の目的で社内技術検定制度をスタートしたのです。

検定内容は国家資格である菓子製造技能検定の仕組みをベースに作成しています。課題は9つ、1年で3つの課題をクリアし、3年で9つすべてクリアすれば検定修了です。菓子製造技能検定と同じく社内技術検定も減点方式です。80点以上でクリアです。

内容はスポンジ生地づくりの基本技術から、生クリームとイチゴのデコレーションケーキ（10分）、ハート型デコレーション（15分で作成）や、ボンボンショコラやマジパン細工、アメ細工などの特殊技術に至るまで、現場で求められる技術を段階的に習得していきます。なお、この検定で合格できた技術のみ現場でその業務を任せてもらえるため、合格できなければいつまで経っても戦力とは認めてもらえません。できるかできないかのみが判断基準です。ここは、何の基準も設けないオーナーパティシエと同じですが、スタッフの納得感は天地の差があります。

最初の頃、技術検定の審査は私が行っていましたが、今では難関の菓子製造技能士1級を取得したパティシエが複数人いるため、彼ら彼女らに審査を任せています。私なら合格を出す完成度の出来栄えでも、現在の検定員だとなかなか合格点をもらえず新人社員たちが苦労しているという話はよく聞きます。

また、検定結果は従業員全員に公開されます。こうすることで、店長たちは誰にどんな仕事を任せられるのかが分かります。本人にとっては厳しい環境かもしれませんが、お客様を相手とする仕事なので、お客様に「すみません、私はデコレーションに時間がかかります」と説明できるものではないのです。

また社内技術検定は、技術・技能を身に付けるためだけの制度だと思われがちですが、私はパティシエに求める人間性も磨くことができると考えています。人間性のなかでも特に忍耐力と回復力の2つが挙げられます。つまり、自己対話能力です。

忍耐力は、多少うまくいかないことがあってもすぐに匙《さじ》を投げずに、分からないことは先輩に教わりながら、少しずつ自分にできることを増やしていくことを指します。この力を身に付ければ、次第にケーキづくりのやりがいや醍醐味《だいごみ》を実感できるようになりますし、たとえ高い壁があっても、乗り越えるための「スモールステップ方式」を徐々に習得できるようになります。これは将来的に、その人個人の成長を支える土台の一つになります。

回復力は忍耐力にも通じることですが、仮に今日ミスをしても翌日まで引きずらない楽観的な考えを持つことです。気持ちを切り替えられないと、翌日の練習や仕事に集中できず、またミスを繰り返してしまう確率が高くなります。こうなると自分へのダメージがより大きくなり、楽しい技術習得を自分でより困難にするネガティブサイクルに落ちていきます。

スキルがなくて仕事を任せてもらえないのであれば、社内技術検定の練習を通じて疑似的に現場を経験することが重要です。技術の習得はだれかがくれるものではなく、自分でとらえるものと理解できれば、頑張る意味も根底から変わります。技術と共にその人を支える人間性（自己対話能力）を磨く忍耐力と回復力を高めていくことが同時進行で求められるのです。練習を繰り返しても、それが結果につながるかどうか分からない自分への不安が必ずつきまとうものです。

それでも、「ダメだ」と自分を叱るネガティブな自分になるのではなく、今日1時間練習をやろうと決め、できた自分を「よく頑張った」と褒める「スモールステップ方式」が効果的なのです。やり遂げた自分自身を認め、そのサイクルを回し続けることで、できることが増えて自信（自己信頼感）につながっていきます。この自分自身と向き合う時間を通じて忍耐力と回復力を養っていくことで、自分で自分を育てていくことができるのです。

社内技術検定の練習の際には必ず先輩が付いてくれます。先輩たちも仕事が終わっているにもかかわらず、後輩のためだと思って勤務時間外で付き合ってくれるのです。技術検定の練習は自分一人でやっても成長はゆっくりです。共に働く先輩たちの協力を得て初めて成長を少し実感できながらポジティブにサイクルを回し、へこみそうになる自分を鼓舞できるのです。それを心で受け入れて、今度は自分が合格して後輩を支援する側に回っていく――こうした恩送りという意識もスタッフたちの人間性を高めます。

新入社員の傾向として、承認欲求が強く店長や先輩など他人の話をあまり聞かないタイプ、さらに加えるなら先輩や店長の言うことが理解できないタイプが多いという課題があります。しかし、店長や先輩とのつながりやサポート、自分と向き合う時間をたくさん持つことで、仕事の進め方や物事の考え方がその人の内面でゆっくりと変化していきます。

社内技術検定で目指した技術の見える化と品質管理によって、新入社員でも「これだけ頑張ったら仕事を任される」、つまり役割と責任を与えられて、自分の存在価値を発揮できると感じるのです。練習の際には、「ここは、素早く勢い良く絞って」「こっちはゆっくり丁寧に作業して」というのを、先輩がマンツーマンで教えてくれるので、自分の五感を使って、自分の身体感覚として学ぶことができます。

もちろん、「やる」「やらない」は本人の意思です。本人にこの仕事で生きていくという覚悟が求められるのです。社内技術検定の取り組みで、そうした覚悟への小さな気づきがあり、ゆっくりとプロに成長していくのだと感じています。そして成長して、後輩たちにその意思をつなげてくれています。

「組織文化づくり」は新卒採用の最初が肝心

私たちは、毎年一定数の新卒社員を採り続けています。勤続年数がいちばん長い従業員は20年を超えるプロパー社員です。

彼らが店舗に残って私の目指しているお菓子づくりや会社としての志、大切にしている価値観などを次の世代に伝え、価値を共有してくれることで私たち独自の組織文化づくりができてきたと考えています。

とりあえず即戦力がほしいからと中途採用に依存していたら今の私たちはなかったですし、一人ひとりの志や価値観で作られる組織文化も築けなかったと思います。

以前にあったことですが、影響力の強い中途採用社員が1人入社するだけで、その場にいる6人ほどの若いパティシエがみんなその中途採用社員の言うことを聞くようになってしまいました。店舗の雰囲気も180度変わります。やや偏った見方ですが中途採用の方は仕事の進め方や背景にある価値観、それに基づいたさまざまな制度が理解できずに自分のやり方を押し通すことが多いです。

結果としてさまざまな価値観やそれに伴うお菓子の作り方などで、私たちの商品の味や品質が非常に不安定で荒れたものになってしまいました。これは私たち自身が未熟ということや、中途採用の方の問題にすり替えてしまうのが楽なのですが、そうではなく、組織文化が育まれていなかったからです。

ここ数年は組織文化が以前よりは定着し、同時に中途採用社員も定着し、大きな戦力になりつつあります。大事なのは、パティシエとしての技術以上にその人の人間性や仕事に対する姿勢です。

例えばコンテスト優勝などもその人の経験だけでその人が本当に優秀なわけではありません。もちろん、技術面では飛び抜けた才能があるかもしれませんが、それだけではプロフェッショナルとは呼べませんし会社や店舗をまとめていくことはできません。

しかし、新卒社員もすぐに戦力になるわけではなく、製菓学校を卒業していてもお客様に提供できる技術にはまだまだほど遠いレベルであることは事実です。また、新卒社員は社会人としての経験もなく、サボり癖や責任感の欠如など、学生気分が抜けない面もあるため、プロになるためには意識改革などに時間を要します。

慢性的に人材不足が続く洋菓子業界では、新卒社員のこうした教育を行う人材や時間がないため、新卒採用や教育なんてできっこないとあきらめている経営者が多くいます。私たちも従業員数50人程度の中小企業です。それでも、毎年少ないながらも新卒採用を続けて、定着に結びつけています。

経営者であれば、「こういう店舗にしたい」「こういう事業を展開していきたい」という思いがあると思います。それを実現するためには、自分の考えに共感してくれる人を増やさなければいつまで経っても絵に描いた餅でしかありません。厳しい言い方に聞こえるかもしれませんが、時間がかかることに対してなぜ腹を括《くく》らないのかと私は思います。

言い訳ばかりして、とりあえずと先送りを繰り返しても物事は前には進みません。一つでも仕組みを整えれば、業界や仕事のことを何も知らない未経験者に対して、直接教える時間がなくても、「人」なので、学び成長していくなかで一つずつできることが増えていきます。

新卒社員は若いということもあって想像以上に吸収力があり、成長スピードも速いです。入社して2〜3年経てば新卒社員たちでも店長や社長に代わって、新たな若手を指導してくれる人もいます。

最初が肝心です。いったん定着する人が出てくれれば、その人たちが次世代に自分たちの考えを「やって見せて」伝え、中長期的に見れば自分たちが目指すおいしさやお客様への向き合い方、大切にしたい価値観を共有して、共通した言語で語れる組織文化を築くことができるのです。稲盛塾長の「共に生きる」の経営思想（フィロソフィー）に支えられる組織文化です。私はこれを「共に成長する」と解釈して若い社員に伝えています。

長期的に安定した利益を生み出す組織にしていくためにも、経営者と従業員が一体感の持てる組織文化を積み上げていく必要があると考えます。そのためにも、中途採用ではなく、新卒採用を軸にして組織づくりをしていくことは人材育成における一つの私なりの答えだと思います。

プロとしての第一歩を意識づける15週間の新人研修

新卒社員も中途社員も、ＯＪＴとは別に3カ月間（15週間・週1回90分）の研修を行います。これは、社会人として最初に「良い習慣」を身に付ける研修です。実際に現場であったことなども題材を交えながらカリキュラムを構成しています。メインの講師は私が担当しますが、そのほかに先輩社員2人がメンター役として参画しています。

社会人になって、毎日の生活や仕事への向き合い方に、頭では切り換えることは分かっていても、心と体が付いてこないのが普通だと思います。そうしたことを踏まえて「人として」また「プロとして」土台作りと基本フォームの習得に15週間の研修を行います。どんなスポーツや習い事でも同じで、基本を整えないと習得できないのです。やみくもに頑張って練習しても、体軸がずれていると間違った基本フォームとなり、習得したフォームの修復と新たに習得するフォームで少なくとも2倍以上の時間がかかります。

研修は、パレットフィロソフィーの根幹である「人として正しい」の軸を整えて、核心では「自分との約束を守る人になる」ことを目指しています。

具体的には、入社して3カ月（90日）の研修期間に、メンタルチェック「頑張る自分を笑顔にする取り組み」として、「朝起きたら、ベッドメイキングをする」「家を出るとき見送ってくれる母に、行ってきますと目を合わせて伝える」など、簡単に続けられる取り組みを自分と約束をして、取り組んでいただきます。自分との約束をやりきる一点に集中して取り組むことで、なんとなく頑張る一日が鮮やかに変わります。その変化に気づく感受性が、今の時代に必要な幸福の最大化のための努力ではなく「幸福感の最大化」の努力につながっていきます。

若い頃は、自分の価値基準がぼんやりしている人が大半だと思います。価値基準が固まっていない、転換しやすいタイミングにパレット・フィロソフィーをベースに仕事を通じて気付いたことを、研修中にフィードバックしてより深い学びとして落としていく。このサイクルを15回の研修で回していくことで、知識としての研修に加えて身体的感覚での研修となり、フィロソフィーの血肉化につながっていくと考えています。

このような話は新卒者にとっては抽象度が高すぎるため、理解に時間がかかると言われることもよくあります。そのようなときは、先輩社員が「ヤッテミセル」、つまり、良くも悪くも先輩を見てくださいということです。分かりやすく具体的な事例で、説明もいらないのです。分からない人は観察力が弱いのだから、観察してくださいと伝えます。五感の中の視覚を使って「観察してください」ということです。体を動かして理解するタイプであれば、「真似をしてください」、つまり、方法論なので、こうしなければではなく、自分の得意を活かして学ぶことが大事です。

とある新入社員が販売でミスをしたことを話してくれました。レジの打ち間違いで、自分でも気づかぬうちにお客様に釣り銭を少なく渡してしまったとのことでした。学生時代は、接客のアルバイトも経験していたので、自分がこんなミスを起こすとは思っていなかったらしく、当人もお釣りを渡すときに確認したつもりになっていて、このミスのせいで3日ほど気持ちが沈んでしまったと話していました。

この相談の際にメンター役の先輩社員が提案したのは、「自分の気持ちをリセットするように心がけること」です。そして、「意識して笑顔をつくるなどネガティブからポジティブに切り替える」ということです。そのときは「鏡を見たら（きっかけ動詞）笑顔を作る（行動動詞）」という行動習慣作りで、行動習慣を変えればいいというアドバイスでした。

また、なんとなくになりがちな販売作業を見直すための行動習慣作りとして、店頭に立った販売スタッフが、お客様に声をかけるときに、「お待たせしました」という、その最後の「た」を半音または1音上げることに意識を集中させます。その集中が、つまらないミスを防ぐ、ということです。普段お客様はケーキを選ぼうと思っているため「お待たせしました」「お伺いします」という、よく聞く言葉には耳を貸さずにショーケースから目を離すことはありません。そのときに、「お待たせしました！」と語尾を上げると、不思議とお客様もそのイントネーションに釣られて、一緒になって顔を上げ、販売スタッフとも目が合うわけです。そして私たちがイニシアチブを取って「私たちの接客」ができるようになります。

相談者の新人がミスした業務は、本人も無意識でやっているためにお釣りを間違っていても気づきませんでしたが、お客様と目を合わせる意識行動を入れることで、接客作業にほどよい緊張感が生まれてケアレスミスが軽減されます。

また、お客様も自分で金銭を確認するようになり、ダブルチェック機能が働き、そこでもミスが防げます。「このやり方に変えてからは、圧倒的に接客や販売での小さなミスやトラブルがなくなり、私自身笑顔が増えて余裕が生まれました」と先輩は話してくれました。これが最初の5週間のプログラムでの一例です。

次は、「自律神経（身体と心を整える）」というテーマでプログラムを進めます。身体を整えないと、技術の習得はなかなか実現できません。毎日ベストコンディションを目指すのではなく、常に自律神経を整える毎日の過ごし方を習慣化するように指導します。

おいしい洋菓子を作ろうという人間が、例えば、風邪をひいたときのように自分の作るものの味が分からない、または勉強不足で説明できないのは、プロとして失格です。パティシエの基本として、自分の身体を整えて、プロとしていつでも味をジャッジできるようにするのは当たり前のことです。体調管理は仕事の一部として常に意識するように促しています。

研修10週目からは「信頼関係」についての話をします。ここでメンタルチェックや小さな行動の習慣化、ヒヤリハットチェックなどの具体的な取り組みについても触れるようにしています。
最後は「共に育つ」というテーマです。これは一貫してすべてのプログラムに通じるテーマとなります。私は経営者なので、つい偉そうなことを言ってしまいがちですが、私自身もスタッフと同様にできていないことがたくさんあります。だからこそ、店長から指摘を受け、間違っていたときは素直に謝罪します。上下に関係なく、お互いのリスペクトをベースに言い合える関係は「共に成長する」ためにはとても大事です。

この15回の研修を通して、一人前の社会人になる足掛かりを作ることができて、同時にスタッフ同士の信頼関係も少しずつ築かれていき、15週間の研修を終えた頃には若い従業員にも自立や責任感が少し芽生えてきます。研修後の勤務態度を見ていると、シフトに穴をあけることがほとんどなくなっていることを長年実感しています。

次世代リーダー育成は共に学ぶことから

各店舗には責任者として店長を配しています。彼らには食材の発注・管理からシフト作成や当日のシフト調整、メンバーの育成、その日の商品ラインナップの決定に至るまで、店舗の運営に関わるすべての業務の権限を与えているため、自分の裁量ですべてのことを決められます。店長は個人商店の経営者です。

また、店舗の運営に関することについては、原則本店や社長が口出しすることはありません。若手スタッフがよく辞める店舗が出てきたとしても、それは現場での指導も含めて店長に一任しているため仕方がないことだと私は考えています。

ただ、普段のスタッフへの関わり方やそこで起きた出来事などについては説明してもらいます。辞めた本人に聞かないと分からないところはあるものの、店長がメンバーにどのような指導をしてきたのか、行動を自分で言語化して振り返ってもらうことで、店長本人に改善点を見いだしてもらうためです。

店長にもいろいろなタイプがいます。人材育成は得意でもアイデア出しは苦手だったり、店舗における廃棄ロス削減や素材管理はずば抜けた結果を出してもメンバーをやる気にさせるのは不得手だったりします。つまり、必ずしもすべてにおいて優れたスキルや能力を持っている店長はいません。

しかし、歴代の店長を見ていると、店長になるために必要な共通した資質があることは分かってきました。パティシエになる人数に比べれば、店長の役割を果たせる人は圧倒的に少ないです。そのため、従業員の日々のやりとりや言動から、その人の志向性を見極めて店長の資質がある人材については、入社1～2年目の段階で「パティシエより店長に向いている」と声をかけるようにしています。そうすることで入社3年目や入社4年目になると、店長を目標にして仕事に取り組むようになります。

私が店長に求めるスキルや資質は、大きく分けて3つです。

1つ目は、国家資格である菓子製造技能士1級を取得することです。私は入社5年以上のパティシエには、「1級を受けなさい」と伝えているので、従業員のなかでは資格を取ることがもはや当たり前になっていますが、滋賀県全体で見ても菓子製造技能士1級は200人ぐらいしか保有者がいません。それだけ技能としては非常に難易度の高い資格です。

2つ目は、物事を抽象的にとらえて具体化できる能力を持っていることです。目の前で起きているいくつもの具体的な事象があるなかで、共通項を紐解《ひもと》いて抽象度を上げて店舗としての課題を見いだし、次なる具体的な施策に落とし込んでいく力が店長には必要です。店舗にいる全スタッフが進むべき方向を指し示すことができるのが店長としての役割だからです。

こうした考え方ができるかどうかを見極めるのは、普段から従業員と対話をしたり、行動を観察したりしないとなかなか分かりません。私の場合は、若いうちに従業員に対して、ちょっとした雑談の席などで、店舗の課題や改善点はないか質問を投げかけて、考え方を聞き出したりしています。

これまで店長は入社5年目を過ぎないと抜擢《ばってき》しませんでしたが、入社3年目の女性を店長に抜擢しようとしたことがありました。そうすると、周りの店長から「それはいくら社長でも強引すぎる」ということで反対されました。この女性が入社2年を過ぎた頃、自店の課題やそれに対する解決策などを聞いてみると、「報告・連絡・相談ができておらず、ルールが徹底されていない」「一人ひとりの責任の所在が曖昧なため、きちんとしたルール化が必要」などさまざまな回答が返ってきました。入社2年目にして、ここまで課題を把握していたことを私は評価していました。だからこそ、まだ経験としては浅いですが社長権限で推薦したのです。

そこで私は折衷案として、若い店長候補を育成するうえでも「店長代理」を作ることを提案しました。そこでしっかり実績を上げれば、次は店長にキャリアアップすることになっています。

3つ目は、笑顔と明るい人柄があることです。その人が店舗にいることで店舗が明るくなり、ほかのスタッフも自然と笑顔が出てくるほうが店の売上は確実に伸びます。いつも歯を食いしばって真面目に仕事をしている人がトップになると周りまで息苦しくなり、店の雰囲気もどこか澱《よど》んでしまいます。シンプルに引き寄せの法則だと思います。

店長は私たちにとっての次世代のリーダーであり組織全体を束ねる司令塔となる存在です。だからこそ経営者が明確な指針をもって、リーダーを育てていくことが必要不可欠なのです。

店長の強みを引き出し、組織の活性化を促す

組織としては、いかにして従業員一人ひとりの長所を伸ばしていけるかという点に配慮しながら店舗全体の適材適所の人材配置を考えるようにしています。これは、幅広い業務を担っている店長であっても同じです。

例えば、アイデア出しを得意とする店長には、経営課題を共有してプランを提案してくれないかとお願いすることがあります。店長本人もアイデア出しが得意なのは分かっているため、プラスαの業務であっても前向きに取り組んでくれます。

ある日、その店長に「社内連絡での行き違いをどうするか」といったテーマで相談しました。会社全体である商品を売っていこうと決まっているのに土壇場になって売るつもりがないという店舗が出てくることが以前にあったためです。原因はイベントへの取り組み姿勢に対する店長間の温度差にありました。急にやることを取りやめた店長は最後には自

分の立場を守るため、本店からさまざまなことを言われても、「頑張りましたが、それ以上は売れませんでした」という言い訳で逃げたりするわけです。さまざまなアイデアを出してくれるその店長に、この対策を相談したところ、「本音のところは私も分かるので、店長本人たちにこれだけは頑張るという数字を出してもらいましょう」と提案してくれました。責任の所在が明確になって、自分との約束を守ってもらう基本のうえに、「自分が自発的に達成したい目標を出してもらう」というアイデアでした。

その提案をベースに計画を立て、予想以上に売れたときは本店で考え、売れなかった場合はほかの店舗で足りなかった個数分を売るという2つの対策を講じました。このプロジェクトは、社長である私からトップダウンで説明するのではなく、アイデアを出してくれた店長が中心となって進めてくれました。

それによって、アイデアを出してくれた店長が、やる気がない店長にも働きかけ、みんなから合意を得てくれたのです。このように、店長同士の話し合いで施策を考え、スタッフ全員のモチベーションを高めてもらえると、普段自分を守りがちな店長も「やります」「頑張ります」という言葉で少しずつですが前向きな態度を示してくれるようになりました。

私からのトップダウンで、ああしろ、こうしろと言ってしまうと、やらされ感や反感が出てきてしまうのであまり成功しません。それぞれ店長が得意とする領域で力を発揮できるように、経営者は一人ひとりの強みを把握するのはもちろん、その人のモチベーション向上につなげられる働きかけをすることが大切です。それと同時に組織全体のレベルアップに活かせる仕組みづくりを意識して取り組めば、変化が自ずと生まれてきます。

すぐに効果が表れることは少ないですが、水面に石を投げると波紋が起きるように、新たな取り組みを少しでも具体的に行うことに影響されてスタッフの意識は少しずつ変えていくことができます。

自社独自の「メンタルチェック」を実施

パティシエは毎日安定した味覚を持ち続けられるように健康状態を維持していくことも大切な仕事です。味覚が安定しないとプロとして洋菓子店の厨房に立つのは難しくなります。そこで導入したのが、日々の心と体を整えるためのメンタルチェックという行動習慣を体得する取り組みの仕組み化です。

私の店で働くパティシエのなかには、体調不良などによる機嫌の良し悪しや気分、感情の波、集中力の低下、ミスの頻発などにより休みがちになる人が少なくありません。もちろん、つらくて動けないときは病院へ行ったり、安静にしたりするのですが、プロアスリートが、体調が悪いからと言って欠場することはあまり考えられません。自分の体調管理不足、自己責任と考えていると思うのです。

つまり、プロのパティシエであればアスリートと同じようにとは言いませんが、体調が悪ければ悪いなりの仕事ができるのではないだろうかと考えてほしいと思い、ジム・レーヤー氏の「メンタル・タフネス理論」をヒントにできないかと考えました。

メンタル・タフネスを知ったのは、東大卒のプロゲーマー・ときどさんの書籍を読んだのがきっかけです。アルゼンチンで対戦があって30時間以上飛行機を乗り継いで、着いてすぐにeスポーツの試合で戦わなければならないというときに、自分のメンタルも体もボロボロで試合も案の定完敗したそうです。これでは世界一は絶対に取れないという焦燥感

メンタルチェックの方程式

(きっかけ動詞＋行動動詞)×90日チェック(意識行動)＝習慣化(無意識化)	
ステップ	状態
ステップ① 観る習慣化	「見えていない」「気が付かない」の改善のための習慣化の取り組みは「見る」意識から「観る」意識の思考習慣化です。初級者は「先輩と一緒に仕事をするときは、先輩の動きを観る」などの習慣化によって成長は加速します。視覚からの空間認知能力を求められるので、難易度が高く、ここで落ちていく人は多いです。ほかの方法論として、身体的感覚を使って「真似をする」ことが挙げられます。真似をするために「観る」ことが、徐々に認知領域を広げていきます。つまり、「観える」ようになります。
ステップ② 「すぐ取り組む」 の習慣化	「すぐに取り組むか？」何らかの理由をつけて「先送りするか？」の選択習慣の修正です。この段階で先送りする習慣の人はすぐやっていただくようにアドバイスをするのですが、アドバイスが難しいのは「やっているつもり」で、空回りする人です。今の自分が見えていない、人の話が耳に入らないのでアドバイス効果がなく、自滅していく人が多いステップです。
ステップ③ 「動機づけ」の 習慣化	動機が内発的（自発的）か外発的（受け身的）かのバランスの選択です。これはその人のものの見方や考え方の思考習慣が影響します。内発的動機付けと外発的動機付けのバランスによって、切り抜けていく人と、蟻地獄に落ちていく人に分かれます。ここがメンタルチェックの成否を分けるポイントとなります。
ステップ④ 「自分との約束」 を守る習慣化	時間を切り口に「仕事を始めるときに、この仕事の終了時間を決める」と自分と約束します。視覚を切り口に「仕事に入るときに、作業台をきれいに拭いてから作業をする」、身体感覚が得意なのであれば「仕事に入るときに、ゆっくり１５秒の深呼吸をする」の習慣化は、仕事への集中力を高めます。自分の得意を使って意識的にスイッチを入れることで、つまらないミスやエラーが激減します。このステップに来ると習慣化による成功確率が高くなります。
ステップ⑤ ポジティブ PDCAの 習慣化	たった一つの成功事例を経験すると、ポジティブPDCAが魔法のように動き出して、ほかにも気になるところを前向きに変えていこうと自発的に取り組みだします。良い仕事の再現確率が高くなります。早い人で90日、一般的には180～270日ほどかかります。日数がかかりすぎると、マンネリ化して目指す自分が見えなくなるのと、時間経過の中で蟻地獄のように足元が崩れていきます。一緒に働く仲間からのアドバイスによって変わります。「自分はみんなからどう見えているか」に欲求が向いているからです。仲間からの「共に成長していこう」の声掛けが効果的です。これが、組織文化を整えていく理由となります。

やジレンマのなか、このメンタルチェックを毎朝取り入れるようになって、次第に勝利できるようになったと、自分のメンタルチェック表の写真と共に書いてありました。

その内容は、それほど難しくなく一日の体調や気分を○△×で記録して、メンタルを自己管理するというもので、それを参考にしてチェック表を作りました。具体的には、「お客様を笑顔にする」「一緒に働く仲間を笑顔にする」「自分を笑顔にする」という3点において、自分が行う小さな行動習慣を決めて、小さな行動目標設定シートを使って毎日チェックするというものです。意識行動を無意識行動（習慣化）にするのが目的なので、できた、できなかったの結果とは関係なく確認します。つまり自己対話をすることが大切です。

例えば、15週間研修で出てきた「お待たせしました！」と最後の語尾を少し上げる施策を、自分が行う小さな行動習慣に取り入れている新人も少なくありません。パティシエの業務であれば、作業が終わったときに「作業台をきれいに拭く」や、作業に入る前に「ダスターをきれいに四角く畳む」などがよく行動目標として上がってきます。

これらは、次の作業に入る前のスイッチとなるルーティンなので、こうした作業を忘れずに習慣化することで、一つひとつの業務について集中力を保ち仕事レベルを向上させるメリットがあります。実際、こうした業務を90日続けると習慣化でき、かつ自分のケアレスミスは確実に減らすことができます。計量ミスなどは業務をしながらほかのことを考えたりしているときに起こしてしまいがちです。自分の不注意によるミスは、ほとんどの場合「こんなミス二度と起こしたくない」とパティシエは自己嫌悪に陥ります。そうすると、それを起こさないためにどうしたらいいのか、自問自答して自然と対応策を考えるようになってくるのだと思います。自分が業務に集中できるように自分を整える、つまり無意識でもできるレベルにすることです。

国家資格取得への資格手当の仕組み化

タクシードライバーが普通第二種運転免許の取得を義務づけられているのと同じくらい、私はパティシエの国家資格の菓子製造技能士1級・2級の取得を必須にしています。

入社3年目になれば菓子製造技能士2級をほぼ全員が持っていますし、入社5年以上になれば菓子製造技能士1級の取得を促します。ここまで国家資格の取得を会社を挙げて仕組み化している洋菓子店はあまり聞いたことがありません。

それほどまでに私が資格取得にこだわるのには2つの理由があります。1つは国家資格を取ることで基本技術の習得につながります。自転車に乗れるようになるときに誰もが経験的に習得する「バランス感覚」をつかんで、自転車を自由に乗りこなせるようになるのと同じことと思っています。もう1つは、国家資格を持つことで履歴書に書ける一生モノのスキルを手に入れられることです。特に、菓子製造技能士1級の合格率は全国平均で3割程度といわれており、今なお難易度の高い資格です。

私の展開するケーキ店には女性のパティシエが多いため、この仕事を続けながら出産・育児をしている人もいますし、結婚して退職し、家庭に入る人もいます。そういった人生の過渡期に自分の子どもに語れるような社会経験を、私は持っていてほしいと願っています。「お母さんは20代の頃パティシエをしていて、こんな資格を取ったのよ」と話せることには大きな意味があると思います。

社内技術検定はもちろん、国家資格を取得する際にも先輩は無償で練習につきあい、練習に使う材料については会社が全額負担します。

しかし、受験費用については自己投資となる挑戦ゆえにあえて自己負担にしています。国家資格であれば、一生涯の資格になることと、一発合格を目指して自力で頑張れという期待を込めています。逆に合格すれば、2級は月5000円の手当で年間6万円、1級になると月1万円で年間12万円の資格手当を付与します。

私は国家資格の取得を評価項目の一つとして入れて、義務化しているので、最終的にはパティシエみんなが取るため、できて当たり前のようなところがあります。自社規定の基準をクリアして資格を取ったことで、毎日同じことの繰り返しで今どこにいるのか分からなかった自分がちゃんと成長している実感を持てるようになったと話してくれる先輩たちが多くいます。そういう人たちは、店長として各店舗の第一線で活躍している人もいれば、退職して違う仕事に就いている人もいます。

こうした従業員たちの活躍は社員育成として、間違っていないと確信を持たせてくれます。たくさんの仕事があるなかで、パティシエを志し、一生懸命夢中になって取り組むなかで、資格を取った自分がいたという事実が今後の彼らを支えてくれると思います。

3年定着率1割の業界で7割を実現

ありがとうカードの交換による心理的安全性のある環境、一人三役多能工によりライフステージが変わっても長く働ける職場づくり、メンタルチェックにより自分のメンタリティとの向き合い方が学べる点、さらには社内技術検定や国家資格取得の義務化で育むパティシエとしての自信など、これら一つひとつの取り組みによりパティシエの定着率は変わります。

一般的な業界では、新卒社員は3年で3割が離職するといわれているなか、洋菓子業界では9割が辞めています。これは最近の話ではなく、昔からこの割合はそれほど変わっていません。理由としては、技術的なことや体力的なことに加えて目に見えないものを形にすることの難しさや、技術習得の基準を示されないために何年経っても自信が持てない環境などが挙げられます。

私たちのケーキ店でも以前は3年定着率が9割を超えた時期もありましたが、ここ4～

5年は、あまり深く考えずにこの業界を選んでいる人が増え、定着率は下がってきています。それでも3年定着率約7割と洋菓子業界ではかなり高い水準で推移しています。

特に、入社1年目から最初の3カ月で基礎技術を身に付け、後半に入ってその技術を活かす実践の場を用意するというフローがあるため、新入社員は迷わずに今やるべきことに取り組みながら成長できる環境が整っています。

加えて、店舗や業務のジョブローテーションが数カ月ごとに入ってくるので、そこで同期の仕事ぶりに刺激を受けながら自分を鼓舞し、個々人がさらなるステップアップに取り組みます。この経験を3年ほど積めば、後輩に教えられるだけの技術や人間性が定着していきます。

そして私個人としても、積み重ねてきたこれらの経験は、もし洋菓子業界から離れてしまっても活かせると信じています。これまでに、洋菓子業界の現場から離れたことをきっかけに職を転々としたり、仕方なく違う仕事を選んだりして不本意なキャリアを描いてきた人たちをたくさん見てきました。その人にはその人なりの理由があると思いますが、理由を受け取る私の視点では、これらの人に共通しているのは「被害者意識」です。問題はその人の「考え方の習慣」だと思います。

3年間で基礎技能を身に付け、人間性も磨ける私たちの社内技術検定は、退職したあと、次の仕事でもここで身に付けた価値を発揮できるようにと導入した制度でもあります。技術の習得は自転車に乗るのとほぼ同じことです。自転車であれば、一度バランス感覚をつかんだら、その後はいつでも自由自在に走ることができ、60歳や70歳を超えても、乗り続けることができます。お菓子づくりの技術も基礎を習得して、自転車のバランス感覚に相当するポイントをつかむことができれば、その後、知識や理論など頭で覚えることとセットアップしていくことで、自分が頭に思い浮かべたさまざまなアイデアを自由に形にすることができます。つまり、職人としての技量が高まっていくのです。社内で培った技能や経験は、違う仕事に就いても応用できるノウハウとなるはずです。

私の思いとしてはこの仕事を続けることがいちばんの願いですが、パティシエはゼロからモノを作り上げる仕事なので向き不向きが出てきます。もし1年で辞めることになったとしても、「私は1年間パティシエをやってきた」と胸を張って言い切れる人になってほしいと強く願っています。

そういう思いで社内技術検定は常にアップデートしていますし、毎日のように全員の日報には欠かさず目を通し、そこからいくつかピックアップしてフィードバックを添えて、みんなに共有しています。

消費期限1日の経営を毎日のように経験していく彼らをサポートすることは私の責務であり、組織力を高めるだけでなく必ず自分の血となり肉となって大きく成長することができるものと信じています。

［第5章］

成長なくして企業の存続はありえない 消費期限「1日」の駆動力が黒字化には不可欠

事業承継は時間をかけて次世代に渡していく

私は今67歳です。40歳を過ぎた頃から事業承継について模索していました。当時は5店舗を展開していて従業員は40人近くおり、各店舗でリピーターのお客様が増えていたので、このままこの事業を継続しなければならないと思いました。そのためには自分が元気なうちに後継者を育てていく必要があると考えたのです。

当時は事業承継について具体的な策は定まっていませんでしたが、やるならば次の3つのうちのいずれかだと思っていました。1つ目は、従業員から後継者を選ぶ「従業員承継」、2つ目は、どこからか社長を探してくる「ヘッドハンティングによる事業承継」、3つ目は、他社に事業を買い取ってもらう「M&Aによる事業承継」です。

最も優先度が高かったのは、やはり「従業員承継」です。一緒に汗水流して働いている仲間に制度・仕組みを支える文化を引き継いで、新たな組織を築き上げていくほうが私たちがこだわっている心に残るお菓子づくりができ、お客様が求めるおいしさを安定的に提供できると考えたからです。

さらに、地域密着のケーキ屋さんとして、ここに存在し続けることも大事な事業承継の条件と考えていました。私たちの仕組みや文化を理解したうえで事業承継できることが私の目指す事業承継でした。

しかし、当時はすぐに事業承継に踏み切れない課題も抱えていました。それは、「利益を出し続けられる体質」になっていなかったことです。明確にこういう経営を目指すべきだという自分たちの経営哲学が定まっておらず、利益率も2〜3%台で、何かの要因でうまくいかなくなると、すぐに赤字転換するような不安定な経営状態でした。

当時は、職人が少し上手《うま》くやっている程度の利益しか上げられていなかったのです。これでは、どのような事業承継のスタイルであっても後を継ぐ人は一人も出てきません。もっと高利益を出し続けるにはどうすればいいのか。このときから、高利益を生み出すための施策を経営として第一に考えるようになりました。

そこで、最初に取り組んだのが盛和塾への入会です。アメーバ経営の考え方に触れ、経営者視点を従業員（おもに店長）が持つようになることで、売上・利益を伸ばしていく考え方を学んだのです。その具体的な施策が日次採算表でした。日次採算表によって、店長や店長代理などにも日々の採算（売上・利益）を考えるように意識づけすることができます。元々は製造業向けだった日次採算表を、私たちのオリジナルにカスタマイズして導入したのです。

この結果、今では洋菓子業界では無理だと思われていた10％超の高利益率を出すまでに安定成長を遂げることができました。高利益の企業体質に変革できたことで、事業承継を行うための条件を1つクリアすることができました。

しかし、事業承継を行う要件は必ずしもそれだけではありません。もう1つ大事な要件はカルチャー（組織）です。多くの人は、黒字化できる仕組みがあれば事業は継続できると考えがちですが、仕組みを実行する人の意識や考え方がそろっていなければ、仕組み自体が機能しません。

日次採算表で、店長たちは毎日、時間当たりの「売上」や「利益」を出すためにシフトを調整したり、廃棄ロスを少なくしたりとさまざまな施策を行いますが、この数字だけに縛られ続けると、間違いなく店長のモチベーションはダウンしてしまいます。自分たちが取り組んでいる行動プロセスを日次採算表で可視化して、毎日の頑張りを全員で認識しながら、自分たちの存在価値や目標、大事にしたい価値観を自社のパレット・フィロソフィーで確認すること、そして、日次採算表とパレット・フィロソフィーの2つをセットとして日常に浸透させて、ぶれる幅を小さくし回復力を高めることが大切です。そして日々の成功確率を高めることです。

これは同じ筋肉でも、アウターマッスルを使うのか、インナーマッスルを使うのかの違いと同じです。結果に執着しても日常の業務を進めるのは従業員（人）です。いかにその人が自発的に動くことができる環境にできるかを繰り返し考えます。良い結果を出し続けるのは、日々の小さなことの成功確率を高めることからです。

そして数年前に、私は社員の中から次期社長にふさわしい人材を選出しました。その際、本人に社長職を快く引き受けてもらうことができたのは、私たちがこの10年で高収益が出せる仕組みを築き上げ、継続していくカルチャーが整備できたことにほかなりません。人選において選出基準になったのは店長の場合とほぼ同じです。1つ目は、この社長がいると会社の雰囲気が明るくなりお客様も笑顔になることです。2つ目は、物事に対しての判断や理解が私と同じレベルにできることです。そして、3つ目は売上を上げるセンスが良いことです。その人の本来持っているものだと思います。次期社長は、この3つ全てをクリアしていました。

私は従業員全員に毎年誕生日にメッセージを添えて本をプレゼントしています。キャリアに応じたオススメの一冊を選んで渡しますが、大きく分けて、その本をしっかり読み込んでくれる人と、読まずにそのままになる人に分かれます。次期社長となる彼女が新卒で入社した頃は全く読書をしませんでした。でも、私から毎年受け取っていた本は仕方なく読んでいたそうです。

ところが、読んでみると気づきになることがいくつもあったのでアンダーラインを引きながら覚えていったそうです。そして入社して3～4年目ぐらいになると、「この時期にこの本をもらうのは、何か意味があるのだろう」と考えるようになり、読書での学びを現場でも試すようになったそうです。

このように、読書からのインプットと現場へのアウトプットを繰り返し行うなかで、彼女は洞察力が磨かれ多面的な見方が身に付き、気がついたら「読書が趣味」になっていっていました。ただ、読書はあくまで一つのきっかけで、そのほかにもパレット・フィロソフィーはもちろん社内技術検定、ヒヤリハットチェック、一人三役多能工、メンタルチェックなど、さまざまな制度や仕組みを経験し、社長や従業員たちとの対話を通じて社長に求める能力を身に付けていったのだと思います。

ここ数年は、次期社長の育成期間として月に1回ビジョンミーティングを実施していました。そこでは次期社長に会社を経営していくうえで必要な価値観や判断基準などを、事例をもとに共有し、従業員に対しての評価のズレが起きないように認識合わせを行ってきました。このミーティングには私と次期社長だけでなく、外部から支えてくれている顧問である友人の経営コンサルタントも同席しています。

私が次期社長に直接言うと感情的に受け取られたりすることもあるので、私が伝えたいことを第三者の解釈と視点を交えながら彼女に話してくれます。そうすることで、受け取る側にも冷静に聞き入れてもらえます。現在は事業承継の法的な手続きを済ませたので、次期社長と私（次期会長）との役割分担の整理を進めています。

地域に求められるお店として再確認

最終的には従業員承継に落ち着きましたが、今考えるとM&Aやヘッドハンティングによる事業承継は、たとえ良い条件だとしても選びませんでした。それは、地域のお客様に応えられる商品を出し続けられない危機感があったからです。私たちの膳所《ぜぜ》店は、2024年本屋大賞に輝いた『成瀬は天下を取りにいく』の舞台となった西武大津店に近い場所にあります。2020年に西武大津店が閉店したときには、いわゆる「買い物難民」（ギフト難民）がたくさん生まれ、その人たちが店舗に足を運ぶようになり売上が拡大していきました。「パレットさんがあってよかった」と、多くのお客様に喜んでもらったのです。その声を聞き、この場所で商売できている価値や私たちが存在する意義を改めて強く感じました。

売上に一喜一憂するのではなく、目の前のお客様に評価してもらえる仕事を続けないと、このような声はもらえなくなります。自分たちが大事にすべきことは地域の中で必要とされるケーキ店になることです。そのためには、これまで積み重ねてきた、私たちが目指す心に残るお菓子づくりや価値観、行動規範を共有することが最も大切であり、最終的には従業員承継一択になりました。西武大津店が閉店して、膳所店の売上が130％になり、これは一過性ではないかと考えましたが、結局、その後安定して高い売上が続き、その好調さは今も変わりません。

その後、もう一度大きく売上が伸びる時期がありました。それは2020年に起きた新型コロナウイルス感染症の拡大です。この時期は、巣ごもり需要などの影響により売上が拡大しました。店舗にもよりますが、新型コロナウイルスが5類に移行したあともロードサイドの店舗は勢いが止まらない状況です。これらは従業員たちがこれまで真摯に取り組んできたことが間違いではなかったという証拠です。

新店舗立ち上げで、次期社長の1年目の課題を提示する

そして、2025年には新たな店舗の立ち上げを計画しています。現在、ショッピングモールの店舗を2店舗展開しています。ショッピングモールは昔と変わらず、今も夜10時まで営業を行っています。洋菓子店がそんな時間までお店を開けていてもお客様が来るはずがありません。オープンしているだけ、労務費や光熱費などの無駄なコストがかかります。こうした自分たちで裁量できない店舗を閉めて、ロードサイド店のように自分たちで営業時間やシフトなどをコントロールできるお店に移ろうと移転計画を進めています。

実は数年前に、滋賀県洋菓子協会の理事だった人から、「自分の思いを少しでも引き継いでもらえると嬉しい」と事業承継の申し出を受け、私たちでできることがあればと引き受けることにしたのです。今回の新店計画は、他店の事業承継でもあるのです。その店舗のヒット商品がいくつかあるので、現在、私の店のパティシエたちが厨房に入ってレシピを聞きながら引き継ぎをしている真っ最中です。それに合わせて、新店では私たちの定番

商品や実験商品もラインナップとして出していく予定です。

場所は滋賀県守山市になります。今の6店舗から少し離れていますが、それでも本店から車で40分ほどの距離です。これまでのように、忙しいときは一部の商品を本店で製造して届けたりヘルプ要員を派遣したりして、店舗同士の連携を図りながらお客様のニーズに柔軟に対応していく予定です。

守山市は滋賀県の中でも人口増が見込めるエリアで、店舗はロードサイドで駐車場スペースは十分に確保でき、しかも駅から徒歩5分、周辺は住宅地の好立地です。マーケットとして売上増が見込める店舗だというのもありますが、引き受けた最も大きな理由は、次期社長が最初にチャレンジするのにふさわしいプロジェクトだったからです。新たな店舗の立ち上げに従業員みんなの力を結集することで新店を成功に導くことができた暁には、次期社長を中心とした組織の一体感を生み出すことができます。私は、非常にいい形で次期社長にバトンを渡すことができるプロジェクトだと考えたのです。

まずは今ある店舗を安定的に運営していくのも大事ですが、トップが交代するようなタイミングでは、新店舗立ち上げなどチャレンジできることを準備するのも新たな組織づくりにおいてはポイントになります。実際、今回はゼロから自分たちの店舗を立ち上げるのではなく、他店の洋菓子づくりやその思いを継承しながら私たちらしさをどう組み込んでいくかという新たな事業承継になるので、私たちにとって大きなチャレンジでもあります。

経営者のなかには、どのタイミングで事業承継を行えばいいのかを決められずに迷っている人も多いと思います。そのときに大事なのは、迷っている理由と心底向き合うことです。このような作業はつい日常の業務に忙殺されて後回しにしがちになります。しかし、今を明確にしなければ、いつまで経っても次世代に事業を引き継ぐことはできません。

私もこの迷いが初めからなかったわけではありません。どのように向き合ったかというと、まずは「迷っているもの・こと」を見える化しました。私は何にこだわっているのか文字に書き出して自分の思いを整理しながら、自分が「あきらめること」と「あきらめないこと」を分けてみたのです。この「あきらめること」とは、すなわち「相手に引き継ぐこと」です。例えば、お菓子づくりにおいて大切にしたいことは何だろうと考えたときに、やはり素材の持ち味を活かして食べたときに何で作られているかが分かり、お客様の心に残る洋菓子だと思いました。

それは、次に会社を引き継いでくれる次期社長も共感できるはずだと確信しました。つながりは日々確認できているので、あれこれ悩まずにパレットらしく素材の味わいを楽しめる洋菓子を追求してもらえばいいし、私があれこれと口を出すことはない……そう考えられるようになったとき、自分のこだわりがあきらめられるようになりました。


あきらめるというのは仏教用語で「あきらかにする」という意味もあります。つまり、見えないことを「あきらかにする」（可視化する）ということが「あきらめる」につながってきます。自分の中で、「会長はどうしたらいいのか」「この会社はどうあったらいいのだろうか」ということを自分の責任としてとらえる部分とそうではない部分が出てくるので、それを文字にして整理する中で、次第に手放せるようになります。

まずは、自分が何に執着しているのか、何を手放すのを恐れているのかを文章にして整理してみることから始めるのが事業を承継するうえでは必要だと考えます。事業規模がそれほど大きくなく、かつやるべきことが見えている中小企業だからこそ整理できます。

オーナーであり経営者という会社のトップの引き継ぎは、やはり「潔さ」が大事だと思います。

フィロソフィーを採用

私たちのフィロソフィーができたのは、盛和塾で「京セラフィロソフィー」の存在を知ったのがきっかけです。これまでにも創業当初から作成していた経営計画書の中に、目の前で起こるトラブルや出来事に対応するための基本方針や行動規範などをまとめていました。それを、京セラ名誉会長だった稲盛和夫氏の言葉でまとめられた京セラフィロソフィーを教科書にして、自分の思いと言葉でつづったビジョンを冊子にしてみてはどうだろうかと考えたのです。

当時はすでに日次採算表を運用していました。しかし従業員は日次採算表をやることに対しては懐疑的で、どちらかといえばやらされている感じを強く受けたので、もう少し納得感を持って取り組めるようにしたいと考えたのです。そのためには、日々の判断基準を明確にして物事の見方や考え方をそろえる必要があります。それができれば日次採算表の数字をより理解することが可能になると思い、フィロソフィーの制作を本格的に進めていきました。

その結果、私が発信していることをやや受け身でとらえていた従業員が、パレット・フィロソフィーがあることで、自分のこれまでの行動を振り返り、少しずつポジティブに取り組むようになってきたのです。例えば、店長が店長会議のときに使う言葉が変わってきました。行動プロセスに責任を負っていることに腹落ちするようになり、できていないことに対して「すみませんでした」「一生懸命やったけれどうまくいかずに反省しています」と素直に謝罪することも増えてきました。それまでは言い訳や自身の責任回避から入ることが多かったので大きな進歩だと思います。

このように最初に謝罪の言葉が出てくると、店長は責任の所在を明確に意識するようになるので、その後は逃げ回ることはなくどう解決していくか、どう改善していくかといったポジティブな行動を起こすようになりました。

1人の店長が大きく変わってくると、それに影響されて周りの店長の言動も変わってきました。私から言われると反発もあるのですが、周りの店長が言うと素直に聞き入れるようになります。今では、店長たちが自律的に会議を進めてくれていて、私が発言する機会は減り、店長の説明をきっかけにみんながさまざまなテーマについて話し合い、聞き入れるようになりました。

またパレット・フィロソフィーの導入は、若手従業員や中堅従業員にも影響を与えています。パレット・フィロソフィーには、「素晴らしい人生を生きるために――心を高める」章において、「笑顔は人をしあわせにする」という項目があります。「鏡に向かって笑顔を作れば、気分が沈んでいても、その日一日の自分の気分は晴れやかになれる」ということを書いています。受け身でいると、嫌なことがあったら表情も沈んでしまいます。そのことに気づいて、自分の機嫌は自分で取るということを説いています。

これは従業員には人気の項目で、新入社員を中心によく読まれています。新入社員はこうした内容を丹念に読み込み、そこから気づきを得て少しずつ変わってきます。中堅従業員になると、「より良い仕事をする」章にある、「一緒に仕事がしたいと言われる」という項目をよく選びます。

亡くなった人の供養に青森県の恐山に石を納めるという風習があります。そのとき、石に書く1位が「また会いたい」、2位が「ありがとう」という言葉です。「もう一度会いたい」「また会いに来るからね」という言葉が「ありがとう」以上に強くて優しい言葉になります。退職する後輩からも、「一緒に仕事ができて嬉しかった」「また一緒に仕事がしたい」と言ってもらえるのがとても嬉しかったということを入社して4~5年経つと話すようになるので、中堅の従業員にはこの項目が心に刺さるようです。

キャリアを重ねていくと教わる側から教える側になり、人と関わる深さも変わってきます。そのなかで、自分の印象に残る言葉も徐々に変わってくるのだと思います。

パレット・フィロソフィーが浸透することで、従業員みんなが共通したビジョンや価値観を持てるようになり同じベクトルをもって仕事に向き合えるようになるので、より共通認識を高めることができるようになってきます。私たちが大事にしている考え方を標準化できるようになってくるのです。

本店では朝礼で毎日パレット・フィロソフィーの1ページをみんなで唱和したり、各店では月1回のミーティングで同じようにスタッフ同士で読み合わせたりしています。繰り返し声に出して読むことでも理解を促すためです。ただし、それだけではルーティンワークで終わる人もいるので、普段の業務に直結させるとパレット・フィロソフィーが腹落ちできるのではないかと思い、私が考えていることを伝える意味も込めて、パレット・フィロソフィーのテーマとからめながら全従業員に毎朝A４一枚程度のメッセージを送っています。

毎朝各店から送られてくる日報には、スタッフ全員のコメントが掲載されています。例えば、「雨なので、駐車場まで傘をさして送りました」「先輩の仕事の速さにびっくりしました」など……その日1日に起きたエピソードを自分の感想も交えて書いてくれているのです。その中からピックアップして、私のフィードバックを交えて全員に共有していきます。このときにパレット・フィロソフィーのいずれかの項目を盛り込むようにしていきます。日常業務の中で見落としがちな考え方や視点を共有して、みんなの気づきや学びになるメッセージを届けることができます。

以前はポジティブなエピソードだけでなく、ネガティブなエピソードも取り上げて紹介しましたが、従業員からの評判が悪かったため、今はポジティブなエピソードだけに絞っています。ポジティブだけだとちょっとしんどいので若い社員が使っていた言葉である「ほっこりエピソード」を書くように勧めています。朝礼後に各店舗に送りますが、みんなしっかり読んでいるようで、「気持ちが整って仕事へのスイッチが入る」「若手従業員へ

パレット・フィロソフィーの例

第一章
経営の心

「人として正しい」を判断基準にする

パレット・フィロソフィー（理念、哲学、価値観）は、「人として正しい」を核に、パレット全体の行動基準であり、判断基準です。

組織においても、財務においても、利益配分においても、また、いまだかつて経験したことのないような経済状況であっても「人として正しい」という原理原則に従って判断していきます。

MEMO

の指導に活かせる」などの感想を返してくれます。

実は、退職した人から、「これだけは送り続けてほしい」と辞めるときにリクエストされることがあります。仕事が変わっても活かせる普遍的な考えを示しているからだと思います。いちばん多いのが、子育てに活かしているという声です。パートさんも「すごく共感する」と言ってくれます。それは、新入社員向けのメッセージが多いのもあると思います。余談ですが、たまに退職した元従業員から、「子どもに尋ねられ、どう答えたらいいのか教えてほしい」と言われ、たまに個別相談にも乗っています。

フィロソフィーは会社としての理念や大切な価値観、行動規範が明記されていますが、必ずしも、すべてを理解してそのとおり行動してほしいとは思っていません。一人ひとりに好きな項目がいろいろあって、行動基準として大事にしていきたいものも異なります。私は、それでいいと思います。

これを必ず守るというよりも、根本の考え方が変わらなければどんどんアレンジしていけばいいのです。分からなくなったら「人として正しい」に立ち返って考えればよいのです。今のパレット・フィロソフィーも当初作成したものと違うところがたくさんあります。３年おきに少しずつアップデートしているからです。

全従業員の物心両面の幸せを願う

この会社は何のためにあるかと聞かれれば、「この会社で働く人を幸せにするためにある」とブレることなく答えています。第一に考えているのは「従業員満足」だからです。

盛和塾に入るまでは従業員の幸福の実現だけを経営理念として掲げることには懐疑的でした。

ところが、稲盛塾長の言葉に触れたときに、「全従業員の物心両面の幸せを願う」というのは、具体的で分かりやすいと素直に感銘を受けたのです。従業員の幸福を最優先し、対をなすようにお客様満足があります。その位置関係が従業員の物心両面の幸せという言葉ではっきりと読み取ることができました。従業員満足度を上げたいのなら、合わせてお客様満足度を上げないと物心両面の幸せを得ることができません。従業員満足を高めれば自然とお客様満足も上がります。従業員とお客様の満足度に相関関係があるからこそ大事にするのは従業員満足だと言い切れるのだと思います。

フィロソフィーと日次採算表を習慣化すれば無駄がなくなる

盛和塾で学んだアメーバ経営は、単細胞レベルまで経営の感覚で埋め尽くして血肉化していくことです。血肉化とは、パレット・フィロソフィーと日次採算表を習慣化し、自分たちの身体の一部のように落とし込んでいくことです。

その結果、やることすべてにいろんな意味で矛盾や無駄がなくなります。単細胞で利益を出せば、当然利益を出せるような身体になるわけです。これが理解できれば、私がすべての店の経営に関わらなくても、同じように店の利益は出せるようになります。たとえ消費期限「1日」という生菓子を扱っている洋菓子店であっても実現できるようになります。

これは何か新しいことを次々と加えていくような発想ではなく、不要なことをどんどん削ぎ落としていくやり方です。多くの経営者はフィロソフィーや日次採算表といった新しいことを始めるので、その発想がなかなか持てません。今やっていることにさらに新たなことをやらなければならないと思い込んでいます。

例えば、今の経営に対して日次採算表を加えないとだめだとか、新たに自社のフィロソフィーを掲げないといけないという、今の仕事に新しいことを付加するような発想ではありません。

創業から36年間で培ってきた取り組みなどをいくつも紹介してきましたが、究極をいえばフィロソフィーと日次採算表を軸にしたアメーバ経営です。自身が商売をしていくうえで「これは大事」ということを1つでも2つでも整理して、それを軸にしてフィロソフィーにまとめます。そして目の前の現実をどうとらえるのかについて向き合うのです。1つの尺度として、数値化（可視化）して理解するために日次採算表を作るわけです。車の走行に例えれば、ある目的地に向かう際に、時速何キロで走っていてガソリンはどれだけあるのかが分からないと運転がままならなくなります。

つまり日次採算表は、今日の商売は大丈夫かどうかを知るための指針になるものです。これだけあれば事業をすべて把握できるものなのです。

このように、店舗（あるいは事業）を運営するためのすべてがフィロソフィーと日次採算表には凝縮されています。そこに経営者として継承していくものを可視化することで心の整理ができればバトンを引き継いでいくことができるのです。

おわりに

私たちが取り組んできたビジネスモデルは、決して一般的なものではなく、地域の特性や需要に応じた柔軟な対応が求められるものでした。限られたリソースのなかで、消費期限「1日」という厳しい条件を克服しながら、常にお客様に最高の品質を届けるためには、何度も試行錯誤を重ねる必要がありました。結果として、私が導入した数値化や効率化の手法が、今では多くの従業員にとって自発的な日常業務の一部となり、確実な成果を上げることができてきています。

本書を通じて伝えたいことは、日常の成功確率を高めることと、成功のカギは「人と人のつながり」にあることです。尊敬と信頼、思いやりと感謝でのつながりです。いかに効率的な経営を行い、数字を追い求めても、最終的にはチーム全体が一丸となって目標に向かって進む「つながっている力」が不可欠です。それは単に経営の話だけではなく、地域に根差した事業として、私たちが果たすべき役割を再確認する機会でもありました。

例えば、年に一度「おかげさんデー」という創業感謝イベントを企画して継続しています。そのなかに、「新人を鍛えてください」という企画があります。15分に1台デコレーションケーキを仕上げます。8時間で32台の作りたてケーキを予約販売します。パレットらしさのある企画だと思っています。良い思考に良い習慣で作られる良いお菓子、店づくり、そして、それを支える良いつながりが、お店を成長させていくのです。

これからも私たちは、地域住民とのつながり（信頼関係）を大切にしながら、新しい挑戦を続けていきます。そのためには、次世代を担う若い力が必要です。本書が、次世代のリーダーたちにとって何かしらのヒントやインスピレーションを与えることができれば幸いです。そして、これからも地域と共に歩んでいく未来を見据え、さらに進化し続けることをお約束します。

最後に、ここまで支えてくださった多くの人たちに心からの感謝を申し上げます。皆様のご支援なくして、今の私たちはありません。これからも、地域の皆様に愛され、必要とされる存在であり続けるために、日々精進してまいります。

パレット100年スマイルビジョン

「おいしいシアワセ、召し上がれ」

パレットは親、子、孫と三世代100年を超えて「笑顔」をつなぐ親切な店づくりに全力を尽くすことを使命とします。ここにパレットがあってよかったと地域の方々に愛され、誇りとされ「滋賀のケーキ屋といえばパレット」と言われる店を目指します。

前田　省三（まえだ　しょうぞう）

１９８６年に滋賀県大津市で、「手創りのお菓子パレット」創業。２０００年菓子技能士1級取得。２００５年からは滋賀短期大学製菓コースの非常勤講師を務める。２００９年、滋賀県技能者「おうみの名工」受賞。同年、裏千家家元から茶名（師範）を頂く。２０２１年、日本ソムリエ協会ワインエキスパート、日本酒ディプロマ取得。２０２２年、滋賀県洋菓子協会会長に就任。２０２４年、株式会社パレット会長に就任。

本書についての
ご意見・ご感想はコチラ

繁盛店のケーキ店から学ぶ
消費期限1日の経営学

二〇二四年一一月二二日　第一刷発行

著　者　前田省三
発行人　久保田貴幸
発行元　株式会社 幻冬舎メディアコンサルティング
〒一五一-〇〇五一　東京都渋谷区千駄ヶ谷四-九-七
電話　〇三-五四一一-六四四〇（編集）
発売元　株式会社 幻冬舎
〒一五一-〇〇五一　東京都渋谷区千駄ヶ谷四-九-七
電話　〇三-五四一一-六二二二（営業）
印刷・製本　中央精版印刷株式会社
装　丁　田口美希

検印廃止

Printed in Japan　ISBN 978-4-344-94780-1 C0034
幻冬舎メディアコンサルティングHP　https://www.gentosha-mc.com/